ちくま新書

原発危機　官邸からの証言

福山哲郎
Fukuyama Tetsuro

974

原発危機　官邸からの証言【目次】

プロローグ

２０１１年３月15日（震災発生４日後）未明、午前４時17分。

清水正孝東京電力社長は、官邸５階の総理執務室にたったひとりで入ってきた。菅直人総理の斜め前の椅子に座るように促され、黙ったまま腰を掛けた。

清水社長の横には海江田万里経済産業大臣、向かい側には枝野幸男内閣官房長官、その横に藤井裕久内閣官房副長官。松本龍防災担当大臣、細野豪志《ごうし》、寺田学両総理大臣補佐官、伊藤哲朗内閣危機管理監、そして内閣官房副長官だった私も顔をそろえた。

菅総理が穏やかながらはっきりとした口調で口火を切った。

「連日、ご苦労様です。結論から申し上げます。撤退などありませんから」

清水社長はややうなだれながら

「はい、分かりました」と頭を下げた。

私は「ああ、これでとにかく福島第一原発の作業は続くことになった……」と考えた。のちに海江田大臣は、このときのことを「（清水社長は）あれだけ、撤退、撤退と言っていたのに……」と回想している。

これが、あの撤退騒動のときの私の記憶である。他のメンバーに確認しても、大きな違いはない。

2011年3月11日に起きた東京電力福島第一原発事故については、すでに政府や国会、民間の事故調査委員会やマスメディア、ジャーナリストによって検証が重ねられてきた。それらは多くの事故関係者に取材や聴き取りを重ね、多角的な視点から事故の全体像に迫ろうとしている。

そのうえで私が本書を執筆する目的は、事故調査委員会などのようにこの原発事故の全体像を明らかにすることではない。むしろあえて官邸からの視角に絞って、事故の「真実」を記すことを目指している。

当時、官房副長官という職にあった私は、事故発生当初から官邸のメンバーとして、政策の意思決定プロセスに直接携わった。総理や官房長官らに情報を伝え、意見を交わし、各省庁と協議しながら、いくつかのオペレーションを指揮した。

官邸で意思決定をする立場にあった人間が、その時々でどういう状況にあって、どういう情報を手にしていたのか。その情報を手がかりに何を考え、どういう議論を経て実際の政策に移したか。すなわち、いったいそのとき官邸で何が起こっていたのか――。

本書は、そのプロセスを当事者の視点からつづった記録である。官邸から今回の原発事故がどのように見えていたかを、なるべく具体的に示したい。

†ファクトによる意思決定

事故の発生当初から政府は、事故への対処のほか、住民避難、計画停電といった対応策を次々に打ち出した。それらの対応策を決めた理由はその都度可能な範囲で説明したが、ではその結論に至るまでにどういう議論があったのか、誰がどんなかたちで関わっていたのかという具体的なプロセスは、国民の目には見えなかった。メディアが当事者に直接取材して、それを報じる機会もほとんどなかった。

一方、人命救助、物資の供給に一分一秒を争う中で、政府にも各オペレーションを決めるまでの議論の過程を外に向けて発信する時間と余裕がなかった。

当初、官邸と国民とのコミュニケーションの手段として機能していたのは、菅総理と枝野官房長官による記者会見だけだった。中でも枝野官房長官の記者会見は頻繁に開かれたが、その性質上、意思決定の結果の報告にとどまったことは否定できない。

その中で、官邸の対応は「場当たり的」「ちぐはぐ」とさまざまな批判を浴びた。私たちはそれを真摯に受け止め、反省しなければならない。しかし、中にはメディアと官邸との情報共有の不足を背景として、事実に反する報道がなされ、誤解を招いたままひとり歩きした情報もあった。

たとえば「〝イラ菅〟に怒鳴られ、官僚はやる気が失せた」とか「菅内閣は官僚を使いこなせない」などの批判を受けた。

日本の官僚組織の名誉にかけて言いたい。あれほどの大震災で、1万5000人超の人命が失われるような状況を目の当たりにして、そんな理由で職務を果たさなかった官僚がいるとは私には思えない。

政治家も官僚も懸命だった。人命救助の報を受け、政治家も官僚も関係なく握手をし、手を取り合って喜んだ。危機管理センターのスタッフ、各省庁の職員、現地派遣の自衛官、警察官、海上保安官、消防署員、地方公共団体の職員——力を尽くした人々を数え上げればきりがない。一方で、いわゆる「原子力ムラ」の面々が、当時、何を考え、何を守ろうとしたのかは知る由もない。

もちろん、本書はメディアを批判したり、誰が悪いのかと犯人捜しをしたりすることを目的としてはいない。それはあまり建設的な作業とはいえないだろう。

官邸での意思決定の過程が国民に見えにくいのは今に始まったことではない。官邸ばかりか、政策決定の議論が密室で進むことが政治の仕組みとして定着してきた。それが政治と国民とのディスコミュニケーション（コミュニケーションの不全、不能）を生み、政治不信につながってきた。

政治の意思決定のプロセスを開示して、問題がどこにあったのかを検証していくことは、今回の事故を教訓として生かすためには不可欠の作業である。

官邸がすべての情報を手にしているとは限らない。ましてや全体像がすべて見えているわけではない。それでも判断を迫られる。それが官邸である。

つまり、官邸から見える景色が決定的に重要なのは、官邸はそのとき目の前にあるファクトに基づいてのみ意思決定せざるを得ず、それが現実のオペレーションの指示や具体的な政策に移されるからである。言い方を換えると、官邸はその時点で官邸が有する情報と人的リソース、法的権限、法的根拠をもってしか意思決定できない、ということである。

†東電撤退問題

今回、その問題が象徴的に表れたのは、冒頭に記した東京電力のいわゆる「撤退問題」

だった。

事故発生から3日を経た3月14日から15日にかけて、福島第一原発は危機的な状態に陥っていた。1号機と3号機はすでに水素爆発を起こし、2号機は炉心の水位が下がって、圧力が高まるなど、オペレーションは困難を極めていた。

そのとき、東電から官邸に現地からの「撤退」が申し入れられた。官邸はそれを退けて、結局、東電本店内に福島原発事故対策統合本部を設置するのだが、のちに東電は「申し入れた撤退は『全面撤退』ではなく、必要な作業員を現地に残す『一部退避』のつもりだった」と主張することになる。これが各事故調査委員会での論点のひとつとなり、マスメディアも盛んに取り上げた撤退問題である。

議論の焦点は「東電の意思が全面撤退だったか、一部退避だったか」という点に絞られていた。しかし、考えていただきたい。東電がのちになって主張している「当時、どういうつもりで撤退を申し入れたか」が本当に重要なのだろうか。

むしろ決定的に重要な意味を持っていたのは、「東電はその申し入れをどのように伝えてきたか」、そして「その申し入れを官邸がどのように受け止めたか」である。なぜなら、繰り返しになるが、官邸はその時点で目の前にあるファクトをもとに瞬間、瞬間の意思決定をせざるを得ないのであり、そのファクトとは「官邸が受け止めた情報と事実」以外にはあり得ないからだ。

その意思決定には多数の人命が直接関わっていた。福島第一原発の作業員や地域住民を大量被曝から最大限守るためのオペレーションを、1分でも1秒でも早く実行に移す必要に迫られていた。

くわしい経緯は本書を見ていただきたいが、当時、東電から申し入れられた撤退を「全面撤退」以外の意味で受け取った官邸メンバーは誰ひとりとしていなかった。

官邸は、深刻かつ真剣に「撤退」を受け止め、対応を協議していた。

だからこそ、15日未明に関係閣僚を召集して、菅総理と世に言う「御前会議」を開き、官邸に呼び出した清水社長に「撤退はあり得ない」と告げ、東電との事故対策統合本部設置のために総理をはじめ官邸メンバーが東電本店に乗り込むという措置をとったのだ。それぐらい「全面撤退」への強い危機感が募っていた。

事実、2012年6月8日の国会事故調査委員会の資料では、東電内部のテレビ会議における重要なやりとりが公開されている。

まさに東電からの撤退要請の電話が官邸に入ってきていた3月14日の午後7時55分に、東電の高橋明男フェローによる「武藤さん、これ、全員のサイトからの退避っていうのは何時頃になるんですかねえ」という武藤栄副社長に向けた発言の記録があったのだ。

「撤退」が東電にとって何を意味しようと、官邸は「全面撤退」をファクトとして受け取った。それが官邸の見ていた景色のすべてだった。

こうした情報の解釈の齟齬や行き違いは、今回の事故をめぐる各局面で相次いだ。「あのとき、こちら側はこういうつもりだった」「実は情報を持っていた」、そして最も衝撃だったのは事故発生後2カ月以上経ってからの「実はメルトダウンしていた」だろう。

こういった釈明は後になっていくらでもできるが、その情報や事実が最終的にその時点で官邸に伝わっていなければ何の意味もない。

それが私の言う「官邸から見える景色」である。本書を通じて、少しでも読者にその景色のリアリティを共有してもらえればと思う。

†「福山ノート」とは

とはいえ、本書の内容は結局、官邸側の、政治家の言い訳ではないのか、自己保身のための弁解ではないのか、という批判を避け得ないことはもとより覚悟している。

しかし、それは私の本意ではない。私は本書で官邸の判断や決定が正しかったと主張したいわけではない。限られた情報の中で下した判断が正しいかどうかは、当然、議論があってしかるべきだ。

そのときあった情報をもとに私たちは意思決定をした。意思決定にはすべて理由がある。別の情報があれば別の決定があり得たかもしれない。では、その情報が届かなかった理由は何だったのか。その決定に至るまでに他にできることがなかったのか。なされた決定のプロセスは適切だったか。本書でそれを検証したいと思う。

当時の状況を記す際、大きな手がかりとなったのが、一部のマスメディアによって「福山ノート」と呼ばれた大判の大学ノートだった。事故発生当初から私が走り書きした覚え書きで、それはデータのメモであり、関係者が発した言葉であり、議事録の断片だった。ノートへの記録は2011年6月12日まで続き、計4冊になった。

記憶があいまいな部分はノートが補強してくれた。本書では、そのノートの記録を随所に引用しながら当時の状況を再現した。

本書の構成を簡単に説明する。

第1章は、地震の発生から原発事故の対応に追われた官邸の5日間のドキュメントである。各事故調査委員会などですでに報告された事実と重なる部分もあるが、新たな事実も含まれている。何よりもそのとき、私が何を感じたかを率直に記した。

第2章は、日米の協力態勢、SPEEDI《スピーディ》、計画的避難計画がテーマである。巨大事故への全省庁を挙げての政府の対応は多方面に及んだ。その中でこの3つは、メディアや国民の厳しい批判にさらされた。その背景を含めて、あらためて検証した。

第3章では、事故が残した課題と教訓を考えた。まずシビアアクシデントに臨む政府の体制、そして国民とのリスクコミュニケーションだ。事故の教訓は未来に生かされなければならない。「脱原発」「再生可能エネルギーの未来」に向けた私の提言を含む未来への展望を示した。

最後に、事故発生から1年5カ月が経過したこの時期に、なぜ本書を出版するのかを記しておきたい。

私は原発事故の対応に携わった官邸チームのひとりとして、各事故調査委員会のヒアリングの対象者だった。その当事者が、それぞれの調査結果が出る前に公的に情報を発信すれば、調査結果に何らかの影響を与える恐れがある。それは避けたかった。

2012年7月には、国会事故調の報告書と政府事故調の最終報告書が出た。3月の民間事故調（福島原発事故独立検証委員会）の報告書も含め、今回の事故に対する一定の評価は出そろったと言えるだろう。

そうした調査報告に加えて、官邸という意思決定者側から見た原発事故の記録も一面の真実であり、それを伝えることには何らかの歴史的な意義があるのではないかと考えた。

力不足を承知のうえで執筆を始めた。そして、できるだけ具体的に記すことを心がけた。記録性を重んじて、登場する人物は原則的に実名とした。肩書きは当時のものである。なお、私は政府、国会、民間事故調それぞれのヒアリングを受けたが、そのときに本書の内容とほとんど同じ証言をしたことも付記しておきたい。

では、時計の針を「あの日」に戻してみよう。

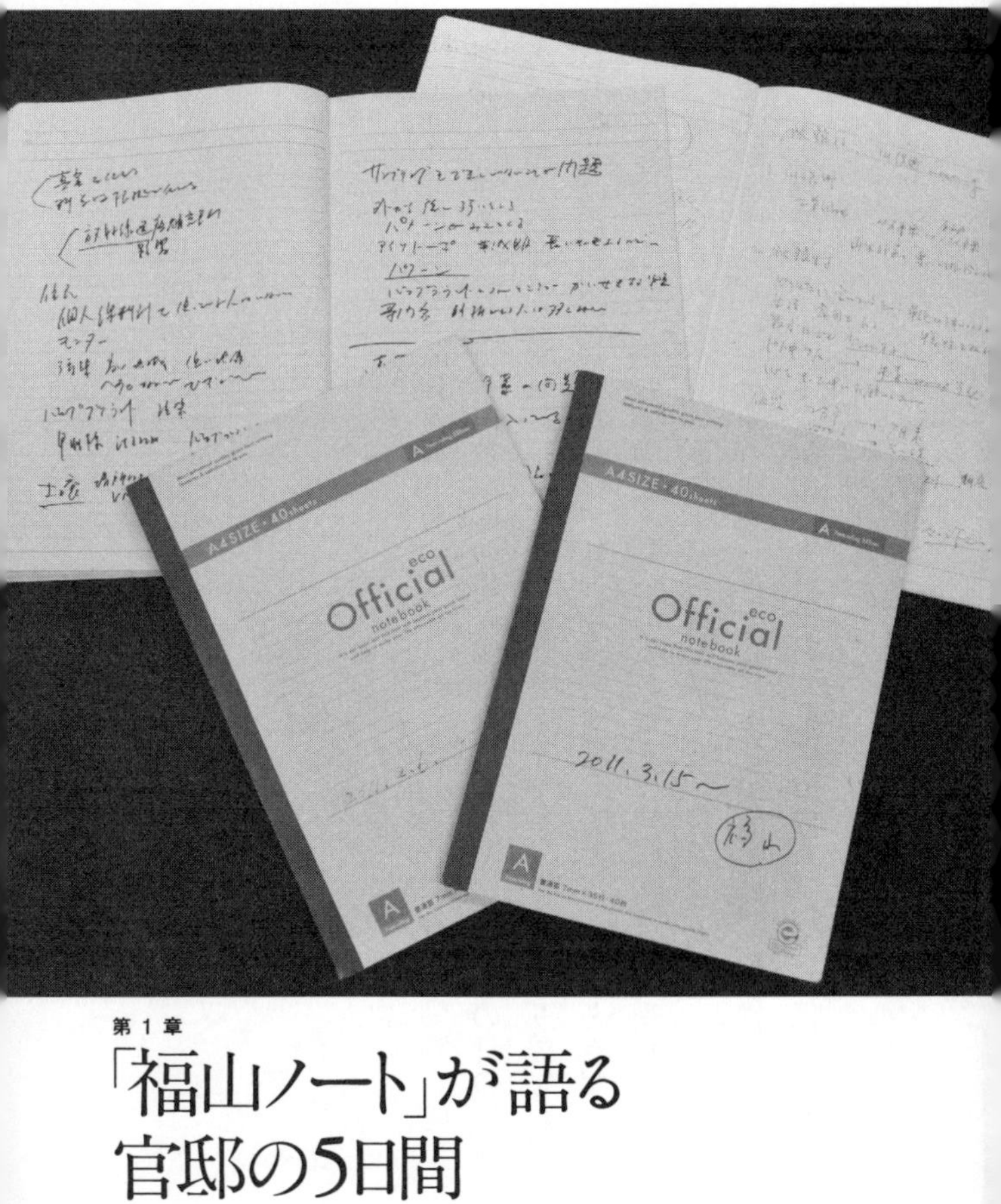

第１章
「福山ノート」が語る官邸の5日間

事故発生時から書きとめていた福山ノート

1　初動

†地震発生

２０１１年３月11日午後２時46分。

参議院の決算委員会で全閣僚出席の中、審議が行われていた。この日の午前中、菅総理の外国人献金問題で大荒れに荒れていた委員会がやや落ち着きを取り戻したのを確認し、私は官邸５階の官房副長官執務室で他の用務を処理していた。そのときだった。

ぐらぐらっときた。揺れが激しく長い。これはまずい、と隣の副長官秘書官室に飛び込んだ。秘書官ら６人も不安そうに半ば中腰で私を迎えた。

「大丈夫か。テレビにとにかく注意してくれ。伊藤危機管理監に連絡して、『緊急参集チーム』を危機管理センターに集めてくれ」と、私は危機管理担当の保坂和人秘書官に指示した。

「地震速報が流れたら、すぐに降りる！」

政府の緊急時の危機管理は、内閣官房が担当することになっている。そのトップはもちろん内閣総理大臣、ナンバー2が内閣官房長官、そして内閣官房副長官である。その下には、統括役の内閣危機管理監以下、内閣官房副長官補など数多くの官僚スタッフがいる。危機管理監は、阪神・淡路大震災を教訓に置かれた、官邸専門の指揮官だ。当時の伊藤危機管理監は元警視総監である。

官邸には総理や官房長官はいなかったため、官邸にいた政治家である官房副長官の私が、参集の指示を出すことになった。

東京23区内であれば震度5強以上、それ以外であれば震度6弱以上で、危機管理監の指示を待つことなく、関係省庁の幹部職員からなる緊急参集チームがただちに参集することになっている。

NHKのテロップで各地の震度を確認した後、秘書官とともに官邸の地下にある内閣危機管理センターに向かった。エレベーターは地震のため止まっていたので、階段を駆け降りた。この階段がとても長く感じたことをなぜか鮮明に覚えている。

危機管理センターは、平時からスタッフが24時間態勢でさまざまな情報の収集に当たっているオペレーションルームだ。テロや地震、安全保障などの緊急事態の発生時には対策本部の拠点となる。

†危機管理センター

センターに到着すると、ほぼ同時に枝野官房長官、しばらくして菅総理も飛び込んできた。

センターはすでに１００人以上のスタッフでごった返していた。松本防災担当大臣と伊藤危機管理監、緊急参集チームもすでに集まっていた。円卓の各席には緊急衛星電話とマイク。10面ほどの巨大モニターには、報道映像や防衛省の緊急ヘリからの映像が映し出されていた。

騒然としていた。各省庁の担当者の前の緊急電話がひっきりなしに鳴り響いている。

気象庁からは震度やマグニチュード、津波情報が、国交省からは道路の陥没や土砂崩れ、通行止め、鉄道の停止・脱線の有無が次々と報告される。消防庁からは「××地域、１１９番○○件、火災発生○○件、火災の規模は調査中！」、警察庁からは「１１０番通報、××地域○○件！」、厚労省からは「災害派遣医療チームの派遣準備」などと、それぞれマイクを通じて告げられた。

しかし、被害の全貌はなかなか見えてこなかった。阪神・淡路大震災は早朝に発生したため、被害情報が集まらなかったとされたが、今回も広範囲に通信は途絶し、官邸にも情報は断片的にしか上がってこなかった。

地震と津波による被災は、結果としては東北から関東にかけての南北約500キロにわたり、1万5000人超の犠牲者を出す大災害になるのだが、この時点ではまったく把握できていない。

この後も、官邸が2日間にわたり被災状況をまったくつかめない自治体があった。役所の防災担当者が被災したうえ、通信の途絶によって県に連絡ができなかったためだった。

午後3時過ぎ、各閣僚の秘書官から大臣を官邸に直行させるかどうかの問い合わせが殺到する。枝野官房長官と私は協議して、情報のない中で形式的に集まっても仕方がないため、各大臣にはいったん各省庁に戻り、可能な限りの情報を集めてから参集してもらうことを決めた。

午後3時8分、総理も同席の中、緊急参集チームにおいて確認した事項のうち第一に掲げたのは、言うまでもなく人命救助だった。

午後3時14分、緊急災害対策本部を設置。同37分、第1回の緊急災害対策本部を開催し、「災害応急対策に関する基本方針」を決めた。

伊藤危機管理監のもとで、これらの対応の中心を担っていたのが、原田保夫政策統括官(防災担当)だった。彼はこれ以降、2012年7月現在に至るまで、統括官として災害対策基本法の改正、防災マニュアルの改訂、首都直下地震への対処などに力を注ぐことになる。あの時間を共有した政治家や官僚が人事異動などで次々と官邸を離れる中で、とても心強い存在となっている。私にとっても彼は同志のひとりだ。

†電源喪失、冷却機能停止！

地震発生からまもなくして、各省庁からの報告と同様に、経済産業省の原子力安全・保安院から「福島第一、第二原発の原子炉は無事緊急停止をした」という情報が危機管理センターに入ってきていた。

東京電力福島第一原発には6基、第二原発には4基の原子炉がある。大きな地震が発生すると、原発プラントは自動的に停止するよう設計されている。いわゆる「止める、冷やす、閉じ込める」だ。危機管理センターにいるほとんどすべてのメンバーは、私を含め、そのことを当たり前のように受け止めた。そのころは津波の直接被害によって多くの人命が失われるのではないかとの懸念が広がっていたこともあり、原発への意識はいったん頭から離れた。

ところが、午後3時40分過ぎだったと思う。騒然たる空気の中で、保安院のマイクを通じて生涯忘れることのできないアナウンスがセンターに響いた。

「福島第一原発、全交流電源喪失、冷却機能停止！」

当時、私は原発について何ら専門的な知識を持っていなかった。そのマイクを通じて告げられた情報が、近い未来に何をもたらすか、何が起こるのか、情けないことだが具体的にはイメージできなかった。

しかし、はっきり覚えているのは、喧噪のさなかにあった危機管理センター全体の雰囲気が、間違いなくこのとき変わったことだ。緊張の度合いが一段ぐっと上がった感じだった。

「電源はいつ回復するんだ！」と誰かが叫んだ。保安院から「今、問い合わせをしています」との声が返ってきた。しかし、その回答は結局、最後までなかった。

これはもしかしたら大変なことが起こるのではないか。漠然たる不安を抱えて総理会見の準備に入った。

地震発生直後に設置した官邸対策室とは別に、福島第一原発事故に関する「官邸対策室」を午後4時36分過ぎに設置した。震災全体へは枝野官房長官が、原発対策については私が対応することになった。

総理は4時54分に会見を開き、原発の自動停止と放射性物質の影響は確認されていないことを淡々と告げた。2分余りの短い会見だった。

記者会見後、午後5時過ぎから官邸5階にある総理執務室で、菅総理は細野補佐官、寺田補佐官を交えて協議していた。そのさなかに海江田経産大臣が青ざめた顔で飛び込んできた。原子力災害対策特別措置法（原災法）15条に基づく「原子力緊急事態宣言」を発令するための上申書を携えていた。

この頃、私は「これはとんでもない災害になるかもしれない。できる限りメモを取っておこう」と考えた。

そして、大判の横書きノートに走り書きの記録をつけ始めた。のちに「福山ノート」と呼ばれることになるメモである。最初のページにはこう記している。

「15条通報　危機管理室長
17：30判断
M8・8
17：39　経産大臣　1号　2号機
15条通
18：00…目途

天気　雨　くもり　強風注意報」

このときの原災法15条通報は「非常用炉心冷却装置注水不能の発生」を意味した。原子炉は緊急停止をした後、炉心の余熱と核燃料の崩壊熱でどんどん温度が上がる。圧力容器内に水を注入して冷やさなければ、炉心が高熱で溶け出す事態に陥る。15条通報は、全電源が失われたことで、福島第一原発にある6基の原子炉（4、5、6号機は定期検査中）のうち1号機と2号機の注水状況の確認ができなくなったことを告げていた。

地震は国内の観測史上最大のマグニチュード（M）8・8を記録した。これは2日後の13日、M9・0に上方修正された。1960年のチリ地震、1964年のアラスカ地震、2004年のインドネシア・スマトラ沖地震に次いで、観測史上世界4番目の規模だった。

原災法15条通報に基づいて原子力緊急事態宣言をするということは、これまで誰もが経験したことがない非常事態だった。

「炉心が冷却できない状態にある」という海江田大臣らの報告の途中、総理は「会談で待っている野党党首に現時点の状況を説明して、すぐに戻ってくる」と言って、午後6時過ぎ、予定されていた党首会談に向かった。地震対応への協力を求めた会談は5分で終わり、総理は急いで執務室に戻った。

この中座はのちに「党首会談のため、緊急事態宣言の発令が先送りされた」と指摘されることになった。

しかし、菅総理は、保安院の寺坂信昭院長の要領を得ない説明を聞き、生煮えで判断するよりも、党首会談を早々にすませて、より正確に状況を認識したい様子だった。

また、このときに国家運営の危機に対する「非常事態宣言」を出すべきではなかったか、との指摘がのちに相次いだ。非常事態宣言の発令については、瀧野《たきの》欣彌《きんや》官房副長官にその検討を指示していた。

正確には「非常事態宣言」を発令する法律はないが、非常事態宣言に類する規定がある法律としては、災害対策基本法、警察法、国民保護法がある。このうち、災害対策基本法の「災害緊急事態の布告」については、国会開会中であったため実質的な法的効果がないと判断した。また、警察法の「緊急事態」、国民保護法の「武力攻撃事態・緊急対処事態」については、法律の規定する枠組みが今回の事態と合致せず、その範囲内でしか対応がとれなくなると判断した。

†最悪の事態

海江田大臣に中野寛成《かんせい》国家公安委員長と伊藤危機管理監を交えた打ち合わせを経て、午後7時3分、閣僚が顔をそろえた第1回原子力災害対策本部で原子力緊急事態宣言が発令された。そのときの総理の発言を、私は次のようにノートに記している。

「19：09
原子力対策本部を設置
原子力緊急事態宣言　総理
福島1号2号3号
本来なら炉を止めて冷却用の緊急用ディーゼル発電器↓系統
津波で動かない　↓電池で動く冷却系で冷やしている
8h↓超えると
炉心温度が上がると
↓10h　メルトダウンを起こすという
きわめて心配な状況」

すなわち、福島第一原発の1号機、2号機、3号機は、本来なら原子炉を止めて、冷却用の緊急用ディーゼル発電機を動かすところだが、津波による被害で電気系統が作動しない。現在は電池で動く冷却系装置で冷やしている状況だ。8時間以上経って炉心の温度が上がると、10時間でメルトダウン(炉心溶融)を起こすという極めて心配な状況にある――ということである。

原発は、高さ50メートル前後の「建屋《たてや》」内に、フラスコ形《がた》の「格納容器」があり、その中に「圧力容器」がある。圧力容器の中には、燃料棒が集まった「炉心」が水に浸されている。その水が燃料の核分裂反応による熱で水蒸気となり、配管を通って発電用タービンを回す。水蒸気は水になって圧力容器に戻る。このサイクルに不具合が生じて炉心が冷却されないままになると、メルトダウンが起こる。

メルトダウンとは、炉心の冷却ができないために燃料棒が溶けるシビアアクシデント(過酷事故)を指す。そのまま放置すれば、圧力容器や建屋のコンクリート床まで溶かし、高濃度の放射性物質を放出する深刻な事態に至る危険性がある。

さらに、ノートにはこう書き記している。

「陸路
空路　電源車を送っている
避難を行う必要があるかも
経産大臣→総理へ上申」

陸路と空路で、全電源を喪失した福島第一原発に電源車を送っている。どこかの時点で避難を行う必要があるかもしれない。海江田経産大臣から菅総理に原子力緊急事態宣言の上申があった——ということである。

これは海江田大臣や保安院の寺坂院長から受けた説明を、総理なりに咀嚼《そしやく》したうえでの発言だった。

発言内容からも分かる通り、官邸はこの時点で「最悪の事態」を想定しており、原発の危機的状況について認識を共有していた。

ただ、「メルトダウンの可能性を知っていること」と、「実際にメルトダウンが起きているかどうかを知っていること」はまったく意味が違う。想定される最悪の事態が、実際にどの程度の確率で起こり得るのかについては、官邸に来ている情報では誰にも分からなかった。

たとえば、こうした事故が発生した場合、「政府は考えられる最悪の事態を国民に告知すべきだ」と指摘する識者がいる。起こり得る最悪の事態に備えて、国民は自らの判断で対処することができるというのだ。告知しないのは「政府による情報の隠蔽だ」と批判する声さえあった。

しかし、これは極めて無責任な意見だと私は思う。事故が発生した時点では、その最悪の事態はいつ、どの程度の確率で起こるのか、起こった場合にどのようなかたちで収束するのか、まったく分かっていない。

政府が最優先すべきは、その最悪の事態を回避することだ。想像してほしいのだが、最悪の事態を想定して、そのまま国民に向けて告知したとする。不安に駆られて、あるいは万が一に備えて福島周辺から、あるいは首都圏から急いで避難しようとする膨大な数の人々は、いったいどこへ逃げればいいのか。逃げた先からいつ戻ればいいのか。その間の生活や経済活動はどうなるのか——。

事実を伝えることと、あり得る可能性を伝えることは、まったく意味が異なる。「こうなるかもしれない」という情報をあえて伝えなかったことを「情報の隠蔽だ」と批判することは簡単だが、そんなに単純な問題ではない。

†電源車の手配

午後7時41分、緊急災害対策本部を終えて、私たちは官邸5階の総理執務室に戻った。そこで東電より派遣された武黒《たけくろ》一郎フェローや保安院の寺坂院長らから、さらに原発事故の説明を受けた。藤井裕久官房副長官も一緒だった。

保安院は経産省資源エネルギー庁の特別の機関である。原子力などのエネルギー施設や産業活動の安全を確保すべく、原発などの安全性を確認するために設けられた。後で出てくる原子力安全委員会は、内閣府に置かれた機関で、直接的に規制を行う経産省や文科省等から独立した中立的な立場より、安全規制についての基本的な考え方を決定し、各省や事業者を指導する役割を担っている。関係機関への勧告権を持ち、原発事故の際に総理大臣に技術的な助言をするよう求められている。

この時点での東電・武黒フェローからのメッセージは「とにかく電源車がほしい。福島第一原発の現場に送ってください」というものだった。

津波で電源が止まり、冷却機能が失われた。電力供給のために自家発電機を載せた大型車両を運び込んで原発の冷却機能を復活させる。それが、東電にとって目下直面している事態を打開するために最優先の課題だったのである。

要請を受けて、私は寺田補佐官や山崎史郎、貞森恵祐《さだもりけいすけ》両総理秘書官らとともに電源車の手配に着手した。

のちに「電源車の手配という個別のオペレーションに、なぜ官邸が直接携わらなければならなかったのか」という疑問や批判の声があったが、これに答えておく。

私たちは阪神・淡路大震災での体験から、今回は被災地では緊急車両以外を通行止めにしていた。実際、原発に周辺から向かうルートは土砂崩れや道路の陥没、液状化の可能性があり、福島第一原発までたどり着けるかどうか分からない状況だった。

とにかく一刻も早く、できるだけ多くの地域から電源車を現場に送り込む。そのためには、自衛隊や警察が電源車を先導する必要がある。官邸でなければ、自衛隊や各県警に迅速かつ効率的に指示することはできなかった。

警察や防衛省から出向していた桝田好一、前田哲両総理秘書官は、しばらく電話を握り続けていた。

この非常事態において、最悪の事態を回避するための東電の強い要請が、電源車の確保だったのであり、それは国家にとっての最優先課題でもあった。

とはいえ、東電からの要請がある前に、原発を管轄する保安院が経産省を通じて必要に応じた電源車手配を差配できなかったのか、という指摘はあってしかるべきだろう。確かにそれは一考に値する。

しかし、次第に明らかになるように、保安院にはこの非常時に臨んで、自ら積極的に事に当たろうという姿勢は見られなかった。

今回は日本が初めて直面する非常事態だった。経産省という役所に手配を指示し、さらに経産省で部下に命じて、その報告を待つという平時の手続きをとる時間的余裕はまったくなかった。

まさに一刻の猶予も許されなかったのである。

†総理自らメモ

私は日付が変わる直前まで電源車の手配に奔走した。道路がどこで寸断されているか分からない。何時にたどり着くかも分からない。1台でも多くの電源車があったほうが電気は長く持つだろう。素人考えだがそんな思いもあった。東電のプラントや防衛省に連絡を入れ、あらゆる手段を講じて電源車をかき集めた。

このときのあわただしい状況を、私はノートに走り書きしている。

「柏崎　刈羽　予備ヘリ　はずした　もっていく　検討中
6時28分　高　3・37m　タテ6・7m―2・1m　7・9トン　6台」
「6kv　2台　空輪　8t　4台
30台陸路　バッテリー緊急　8h　充電
RCIC　8h超
空調　空気冷却　2台―3台
ユニット　ディーゼル
ディーゼル30数台」
「東京20台、6時―6時20
ナス塩原　3時間　3台
国立府中　5台　5時間以上」

電源車の大きさや重さは、高さ3・37メートル、縦6・7メートル、横2・1メートル、重量7・9トン。バッテリーを積んだディーゼル車三十数台を手配した。

福島第一原発1号機には、電源なしでも8時間は炉心を冷却するIC（非常用復水器）が備わっている。2、3号機にもその改良型たるRCIC（原子炉隔離時冷却系）が付いている。

ノートには、東京の国立や府中、栃木の那須塩原から出発した電源車が、福島第一原発に到着するまでの所要時間が記されている。

電源車の重さや大きさについては、総理自らもメモを取った。その状況をそばにいて目にした下村健一内閣審議官は「そんな事まで一国の総理がやらざるを得ないほど、この事態下に地蔵のように動かない居合わせた技術系トップたちの有様に、『国としてどうなのかとぞっとした』」とのちにツイッターに記している。

緊急車両としてパトカーや自衛隊車両の先導を試みたが、大渋滞と道路被害に阻まれ、遅々として進まなかった。空路による輸送を考えて、防衛省に自衛隊の輸送ヘリコプターの出動を要請したが、重さ7・9トンの電源車を運べるヘリは残念ながらなかった。

さらに、在日米軍に連絡を入れ、米軍機による空輸を打診してみたが、やはり同様の回答だった。

「1台でもいい。どこからでもいい。1分でも早く現場に着いてくれ」

必死の思いだった。結局、電力復旧のために引っ張り出された電源車は60台あまりにのぼった。

†電源がつながらない

日が変わって明け方のことだ。電源車がようやく現場に到着したとの報告を受けた。「やっと着いたか」と思ったのも束の間だった。東電からは「接続プラグのスペックが合わず、電源がつながらない」という報告が上がってきた。

その後、次々に到着する電源車は「電源盤が使用できない」「ケーブルの長さが足りない」と、すべて用をなさないことが明らかになった。私は怒りと悔しさと脱力感がないまぜとなった思いに駆られた。

東電は電気屋さんではないのか。その東電が「電源がほしい」と言うから自衛隊を動員してまで、やっとのことで送り込んだ。ところが、接続プラグのスペックが合わない、ケーブルの長さが足りない、などと言うのだ。電気屋で電気がつなげないのなら、いったいこの国では誰が電気をつなげるのか。何のために走り回って、これだけの電源車を送ったのか――。

この電源車の手配には後日談まで付いてきた。

私は明け方まで1台も到着していないと思っていたが、実際は前日の11日午後9時に最初の電源車が到着していたのだ。

総理執務室には報告が入り、菅総理や寺田補佐官はその場で「やったあ！」と声を上げていたらしい。だがやがて、喜びは落胆と焦燥感へと変わるのだが……。一方、そんなことがあったとは、危機管理センターにいた私はまったく知らなかった。

のちに福島第一原発事故を検証した2011年6月5日放送のNHKスペシャル「シリーズ原発危機　事故はなぜ深刻化したのか」にインタビュー出演した私は、その番組の放映中、この事実を知ることになる。

†帰宅困難者

11日夕方以降、私は電源車の手配と同時に、首都圏の帰宅困難者に対する一時滞在場所の確保に当たったった。東京では地震のため、一時すべての電車がストップし、首都圏のサラリーマンや学生が帰宅できなくなっていた。

東京、横浜、新宿、渋谷、品川といったターミナル駅には帰宅できない人々があふれかえった。たとえば、午後9時の時点で、新宿駅には約9000人、横浜駅には約5000

人が足止めされることになり、二次被害が危ぶまれた。
そこで各省庁、経済界、各団体などに協力を呼びかけ、一時滞在場所を提供してもらえるようお願いした。提供の申し出が寄せられたが、帰宅困難者にその情報を伝える方法がない。そのため、テレビ局にお願いして、一晩過ごせる滞在施設を画面のテロップで流してもらった。

「JICA　六本木地球ひろば　市ヶ谷研究所　ハタガヤ」（ノート）

ノートには、JICA《ジャイカ》（国際協力機構）の「地球ひろば」など、帰宅困難者の一時滞在場所を列記している。

菅総理は基本的には原発事故に専念し、細野補佐官も原発対応に走り回る。被災地の現場は松本防災担当大臣にある程度任せ、枝野官房長官は全体のオペレーションの把握と、国民に向けたメッセージを発信する記者会見に携わった。

寺田補佐官は文字通り総理の補佐に当たり、私は電源車の手配と帰宅困難者対応というふたつのオペレーション、それに加え総理、官房長官、危機管理センターを行き来して情報の共有を図った。それぞれ役割を分担して事に当たった。

午後8時30分、再び危機管理センターに入った菅総理は、必死でオペレーションをこなしていた100人以上のスタッフにマイクで呼びかけた。そのときのノート。

「20：30　総理　入り　危機センター
20：32　発言　的確に　確実に
コミュニケーションして下さい
がんばって下さい」

総理は「とにかく的確に、確実に、連絡を密にしながらやってください。コミュニケーションしてください」と短く呼びかけ、労をねぎらった。

これ以降、菅総理は危機管理センターの横にある、後に「中2階」と呼ばれる小部屋にこもることになる。

†「死者88人」の報告

午後10時半頃、「死者88人」という報告が上がってきた。現地はすでに日没と停電で真っ暗だ。地震や津波の被害の状況がまったく分からない中、もたらされた「死者88人」の報にによってセンター全体に重苦しい空気が流れた。

しかし、それはこれから徐々に明らかになっていく惨事——1万5000人を超す死者、3000人に及ぶ行方不明者——のほんの一部に過ぎなかった。地震発生から約8時間経過した11日の午後10時半の段階に至っても、いまだ現地で情報は途絶し、混乱していたのだ。

総理は危機管理センターの中2階にある小部屋に陣取って、原発問題に集中して対応した。総理は5階の執務室と危機管理センター、そして中2階の小部屋を使っていたが、ベントの実施を了承した12日午前1時半までは、この中2階が主要な意思決定の舞台になった。

これには理由があった。ワンフロアに100人以上のスタッフがひしめき合い、地震や津波の対応で電話が鳴り響く危機管理センターでは、原発事故という特殊な事態に対するシビアな意思決定は到底不可能だった。

中2階の小部屋は7、8人でいっぱいになる。そこに菅総理、海江田大臣、枝野官房長官、保安院の寺坂院長、原子力安全委員会の班目《まだらめ》春樹委員長、東電から送り込まれた武黒フェローとその補佐役、そして私が入った。また、細野補佐官と寺田補佐官が連絡のために頻繁に出入りした。ただし、枝野官房長官は全体指揮のため、大事な意思決定以外ではこの場を離れることになる。

危機管理センター内で携帯電話がつながらないことが、のちに情報伝達の問題として指摘されたが、私はセンターで携帯電話がつながらないのは合理的な措置だと考えている。

たとえば、センターにマスメディアから取材の電話がかかってきたら、本来的な作業に支障をきたしかねない。情報漏洩の恐れもある。その意味では、緊急災害や安全保障上の有事の際には、むしろセンターで携帯電話がつながることのほうが問題は多いように思う。外部と連絡を取るために、私たちはセンターの緊急電話を使っていた。ただし、携帯電話に緊急の連絡が入ることもある。それには、危機管理センターから歩いて数十秒の廊下に携帯がつながる地点があるため、そこでチェックして対応していた。

†被災の実態判明

11日午後8時以降、官邸にはようやく現地の被災状況が断続的に上がってきていた。自民党の小野寺五典《いつのり》衆議院議員から「地元の宮城がひどいことになっている。町長に連絡が取れた！」と電話が入った。小野寺議員は松下政経塾での同期生である。

「宮城県南三陸町　しず川町長　屋上避難」（ノート）

宮城県南三陸町志津川《しづがわ》では、町長が職員を庁舎屋上に避難させ、救助を待っているという連絡だった。

気仙沼市の市長からの連絡は、現地が深刻な事態に陥っていることを伝えていた。

「気仙沼市長　市役所　45号　小泉大橋　歌津大橋　通行不能
○地域孤立している
○重油が流出し、湾が燃えている　海上火災
消防　動いてない　市内
○火災が発生」（ノート）

気仙沼市内も海も炎に包まれている。橋も通行不能で交通が寸断されている。これが午後8時過ぎだった。

保安院からは「24時間後には放射能漏れがあり得る。その1時間前には半径1〜2キロの住民に対しては避難をさせなければいけないのではないか」という問題提起があった。私のノートには明確にそのことが記されている。

「20：26　総理　保安院
24時間後　放射線もれ
1h前　半径　1km〜2km
3km　5870人　1967世帯
PM3：30—PM11：30　8h」

「PM3：30」は原発の全交流電源喪失の時刻だ。福島第一原発の半径3キロ圏内には1

967世帯、5870人の住民がいる。8時間後の11日午後11時半には、危機的状況を迎える可能性がある。

「5870人の住民」と「午後11時半」というリミット。この情報が私たちに危機の実態を具体的に知らしめた。

半径3キロの住民避難

中2階の小部屋では、午後8時前後から原発の現状と今後想定される事態などについて、保安院や原子力安全委員会の班目委員長から説明を受けていた。そこで「ベントが必要だ」という話が出てきた。

電源停止によって冷却装置が作動しなければ、原子炉格納容器内の圧力が高まって爆発する恐れがある。圧力を逃がすため、ベント弁を使って〝ガス抜き〟をしなければならない。しかし、炉内の気体を主排気筒から外部に放出すれば、大量の放射性物質が空気中に飛散することになる。

私たちの関心は、今後どのような事態が起こり得るのかにあった。最悪の状況はどうなるのか。チェルノブイリのような爆発やスリーマイルのようなメルトダウンは起こり得るのか。ベントを実施した場合、放射性物質はどれほど外部に放出されるのか。そのときの避難はどの程度にすればいいのか――。

これらに関する専門技術を含む突っ込んだ質問を、理系（東工大理学部応用物理学科）出身の菅総理は、保安院と班目委員長に投げかけた。しかし、明瞭な答えは返ってこなかった。私たちはいらついた。

11日午後9時23分、福島第一原発半径3キロ圏内の避難と、3～10キロ圏内の屋内退避の指示を出した。

これ以上、避難範囲を広げる必要があるかどうかも当然、検討した。だが、まず3キロに設定し、原発近くの住民を優先して避難させようと判断した。

保安院からは「半径3キロまでは準備ができている」、班目委員長からは「そんな大きくやる必要はない。3キロで十分」との助言があった。

一度に3キロ以上に範囲を広げると、原発から比較的遠い住民が同時に動き出し、大渋滞が起こって、結果的に原発近くの住民が逃げ遅れてしまう危険性がある。

避難指示を受けて、11日夜には枝野官房長官が会見をした。当時、私たちは知らなかったが、福島県が国に先んじて、すでに11日午後8時50分に「半径2キロ圏内の住民避難」の指示を出していた。

2　ベント

†史上初のベント

11日午後10時44分、保安院が「福島第一2号機の今後の進展について」と題するペーパーを官邸の危機管理センターに報告した。それはプラント解析システムによって今後、2号機がどうなっていくのかを予測していた。

「22：50　炉心露出
23：50　燃料被覆管破損
24：50　燃料溶融
27：20　原子炉格納容器設計最高圧（527・6kPa）到達
原子炉格納容器ベントにより放射性物質の放出
放出される放射性物質の量は、解析中」

保安院の平岡英治次長は「あくまで仮定の話です。こうなるとは限りません」と強調した。ここにある「燃料被覆管破損」から「燃料溶融」は、いわゆるメルトダウンに至る深刻な事故のプロセスを指している。

12日午前0時15分からのオバマ大統領との電話会談を終えた総理は、総理執務室から中2階の小部屋に移り、ベントの議論になった。菅総理、枝野官房長官、海江田大臣、細野補佐官、班目委員長、武黒フェロー、それに私がいた。

12日午前1時近く、東電から「格納容器圧力異常上昇」発生の報が入り、ベントを実施したい旨の連絡が入った。その際の私のノート。

「0：57　総理　キキカンリセンター　入り
普及見込み　メルトダウン
放射能＋よう素
3号　水位高め維持　バックアップ
1号　ベントに入る　外に出ない
炉心は溶けてない　水位＋1m
2hぐらいメド」

「普及」は「復旧」の書き損じだ。実は当初、ベント実施が必要とされた2号機が、この時点で1号機に変わっていることが分かる。のちに明らかになるが、ともに危険な状態にあった1号機と2号機のどちらを優先するか、現場で混乱があった。より急いでベントしなければならなかったのは、1号機だったのである。

ノートは告げている。3号機の原子炉内の水位は高めに維持されて、まだ炉心は露出していない。

しかし、1号機は緊急を要する。水位は炉心の上1メートルのところにあるはずだ。燃料棒は水をかぶった状態で、まだ炉心は溶け出してはいない。ベントを「2時間後をめどに」実施する――。

このとき、私たちは東電の武黒フェローから「2時間ぐらいをめどにベントができる」という報告を受けた。

「ベント実施は世界で前例があるのか?」と保安院に聞くと、「まだ国際的に例はありません」ということだった。

私たちは原子力に関してはいわば素人である。原子力安全委員会の班目委員長は、原発の専門家であり、保安院は原子力の安全規制をつかさどる組織であり、東京電力は事故を起こした当事者だ。彼らの意見や要請を私たちは最大限に尊重しなければいけない。私たちは彼ら専門家に頼る以外になかった。分からないことはその都度質問したが、専門家の見解に異論を差し挟むような余地はなかった。

†政府調査団、被災地へ

原発の爆発という最悪の事態を回避するために、放射性物質を大気中に放出するという意思決定をせざるを得ない状況に追い込まれた。すでに前日の11日午後9時23分に「3キロ圏内の避難と3～10キロ圏内の屋内退避」の指示は出している。ほかの選択肢は考えられなかった。

12日午前1時半、菅総理はベントの実施を了承して、いったん5階の執務室に戻った。

この前後、私は原発事故からいったん離れて、別のオペレーションにかかった。それは、津波の被害をはじめ、被災地の状況をつかむことである。現地は停電、通信途絶のため、なかなか事態を把握できていなかった。

被災地の国会議員からは、与野党を超えて切迫した声で「状況を教えてくれ。どうなっているんだ！」との問い合わせが次々と寄せられていた。当然だった。こんなときに与党も野党も関係なかった。

枝野官房長官、松本防災担当大臣と相談して、急遽、翌朝の日の出とともに自衛隊のヘリで宮城、岩手、福島の被災3県に第一次の政府調査団を送ることを決めた。それぞれ政府内の政務三役に行ってもらうことにした。

宮城県には東祥三《あずま》防災担当副大臣、岩手県には平野達男内閣府副大臣、福島県には吉田泉財務大臣政務官に依頼した。東氏は防災担当、平野、吉田両氏は被災地選出の議員という理由でお願いした。私が危機管理センターから廊下に出て平野副大臣に携帯電話でこのことを伝えたときのことである。

「急な依頼で申しわけありません。明日の早朝の出発ですが、なんとか岩手に行っていただけませんか?」と聞くと、即答が返ってきた。

「もちろん、行かせていただきます。自分もなんとか行く手立てはないものかと考えていたところです。何ができるか分かりませんが、こんな有り難い電話はありません」それは涙声だった。

多くの国会議員が、いてもたってもいられない気持ちで1日目の夜を過ごしていた。

その数日後、平野氏は被災地から戻って「被災者生活支援チーム」の事務局長に就任することになる。そして2012年7月現在も、平野氏は復興担当大臣として被災地の復興に力を尽くしている。

†経産大臣との同時会見

私はそのまま危機管理センターに残っていた。「2時間ぐらいをめどにベントができる」という東電の報告を受けて、「12日午前3時に会見をしよう」と海江田大臣と枝野官房長官と打ち合わせをした。

それまでの記者会見は枝野官房長官が担っていたが、ベントの発表については当初、所管の経産省で海江田経産大臣と東電の会見で実施することになっていた。私は官房長官に進言した。

「もし翌朝の官房長官会見のときに『数時間前にベントを実施しました』と発表すれば、放射能の放出という都合の悪い事実を『隠蔽した』と言われかねません。海江田大臣の会見開始直後に官房長官も会見していただけませんか」

「そうだね。それはやろう」と枝野官房長官は即答した。

経産大臣の秘書官と官房長官の秘書官が電話で確認し、12日未明の午前3時6分に始まった経産大臣の会見に合わせるかたちで、午前3時12分、官房長官はベント実施についての記者会見場に向かった。

「原子炉格納容器の圧力が高まっている恐れがあることから、格納容器の健全性を確保するため、内部の圧力を放出する措置を講ずる必要があるとの判断に至ったとの報告を東京電力より受けました。経済産業大臣とも相談しましたが、安全を確保するうえで、やむを得ない措置であると考えるものであります」

このとき、私たちでは明確に「3時過ぎにはベントが始まる」と考えている。「ベントが予定通りに行われさえすれば、いったん危機は回避できる」という空気になっていた。

経産省での会見でも、記者からの「即座に（ベントを）やるということですか？」という質問に、東電の小森明生《あきお》常務は「はい、今でもゴーサインすればできるという状況ですが、そこは必要があればお時間についてお知らせしようと思います」と答えている。

私は官房長官の会見には、最初の1週間はすべて陪席した。ベント実施に言及した3時12分からの枝野官房長官会見後、官房長官はいったん執務室に戻り、私は危機管理センターに残った。

†長野と新潟でも地震発生

12日午前3時59分、長野と新潟の県境で震度6強の地震が発生したとの報が危機管理センターに入った。もちろん東京もかなりの揺れを感じた。

半日前に地震が発生し、危機管理センターに飛び込んだときとまったく同じ状況が、もう一度センター内で繰り返された。津波、原発と断続的に対応に追われていた緊急参集チームの緊張感がより高まった。

私はこのとき、前日の地震発生以来、自らのマイクに向かって初めて大きな怒鳴り声をあげた。気象庁の担当者に向かって、マイクを通じて叫んだのだ。

「この地震は、東北の地震の余震なんですか、誘発地震なんですか、まったく関係ないものなんですか、どうなんだ！」

気象庁からは「問い合わせます」との答えが返ってきただけだった。

東北地方は津波でやられている。電気と通信が途絶えて、その被災状況がいまだに分からない。明け方から自衛隊が出動できる態勢を懸命に整えている最中だった。そして福島第一原発では全電源が喪失して危機的状況に陥っている。

そこに長野、新潟で震度6強クラスの地震が起こったのだ。わずか1日のうちに震度6強以上が3回。

新潟県の東京電力・柏崎刈羽原発には原子炉が7基あり、震度6強を記録した2007年7月の新潟県中越沖地震では、火災や放射能漏れなど少なくとも50件の事故・トラブルが起こっている。

「3：59　新潟地震
継続運転中　1号　5号　6号　7号
点検中　2・3・4号
東北　新潟　違う型の地震　因果関係は不明」（ノート）

もし東海地方や首都圏でも、このレベルの大地震が続けて発生したらどうなるのか。この状況下では、政府の対応能力が圧倒的に足りない。日本はどうなってしまうのだろう。優先順位をつけて、どこかを見捨てねばならないような事態が生じるのではないか――。

ぞっとした。背中に氷の柱が一本立ったような寒気を覚え、途方に暮れた。

そこから小一時間、危機管理センターには、またもや洪水のように情報が入ってきた。センターのスタッフは、まさに気持ちを奮い立たせてオペレーションを続けた。誰かと会話を交わしたわけではないが、みんな同じような気持ちだったのではないか。

ほぼ1時間後、人的被害の報告はなく、連絡も取れた。被害は大きくないことがセンター全体のコンセンサスになった。

「十日町　栄村　警察署　連絡取れる状態
人的被害の把握なし
長野県　災害対策本部　立ち上がる　119　1件もなし
4：31　6弱　長野県北部」（ノート）

私はホッと息をついた。私にとってはとてつもなく長い1時間だった。私が大きな意味で最も危機感を覚えたのは、この長野、新潟の震度6強に向き合った瞬間だった。

†ベントが終わっていない

　私は、にわかにベントを思い出した。そこで、この時点では「とっくにベントが終わっているだろう」と思って、中2階の小部屋に飛び込んだ。

「もうベントは終わりましたか？」と聞いた。東電の武黒フェローからの答えは「まだ終わっていません」だった。驚愕した。私は怒鳴りあげた。この日、2度目の怒鳴り声だった。

「なんでベントが終わっていないのですか。ベントを午前1時半に決めてから、もう3時間も経っているじゃないですか。3時にやると言ったのはあなたたちですよ。官房長官の会見は国民にうそをついたことになりますよ。それよりも何よりも、ベントをしなかったら、爆発しないのですか。爆発の可能性がそれだけ高くなっているんじゃないんですか！」

　武黒フェローは答えた。

「ベントには電動と手動があり、電動は停電のためできません。手動は作業の手順を調べるのに時間がかかっています。線量が上がっています」

「そんなことを言っても、爆発するのではないのですか。危なくないのですか。とにかく早くベントをしてください！」

そんなバカな！　停電だったのは当初から分かっていたことではないか。では「2時間後にベントする」という報告の「2時間」は、いったい何を根拠にしていたのか。

すぐに細野補佐官とともに執務室にいた枝野官房長官に、ベントがまだ実施されていないことを報告に行った。枝野官房長官は、たまらないなという苦渋の表情を浮かべた。

12日午前5時過ぎに、今度は菅総理が執務室から秘書官とともに危機管理センターに下りてきた。私は歩きながら総理を迎え、小声で一言、「ベントがまだ終わっていません」と伝えた。

総理は、一瞬「えっ」という反応をし、険しい表情になった。そして「うん、分かった」と言って、中2階の小部屋に入った。

「なんで終わっていないんだ？」総理は再度同じように武黒フェローにただした。私が聞いたときと同様の答えが返ってきた。

すでにベントの意思決定から4時間以上が経っていた。私たちは爆発やメルトダウンによる住民の大量被曝だけは避けたいという思いだった。

原子力安全委員会の班目委員長に「もうベントしないと、爆発する危険性があるのではないですか？」と何度も確認をした。「（可能性は）ゼロではない」といったあいまいな答えが返ってくるばかりだった。

「それなら、これまでの半径3キロ圏の住民避難で足りるんですか？　もっと広く避難をさせなければいけないじゃないですか」

「まぁそのようなことは必要かもしれない」

私たちの不安と焦りは募っていった。

3　住民避難

†10キロ圏内避難

爆発の危険性を考えれば、避難区域は半径3キロ圏内では足りない。とにかく被曝を最小限に抑えることが最大の使命だった。

この頃だったと思う。菅総理と枝野官房長官と私とで確認し合ったことがあった。それは「避難の指示は1分でも1秒でも早く、遅かったと言われることのないように。絶対躊躇しない。避難は少しでも広い範囲で。後になって避難が広過ぎた、避難させ過ぎだと批判されるほうが、避難が小さ過ぎて被曝するよりまし」だった。

ベントがされない、爆発するかもしれない。一刻も早く避難指示を出すべきだと考えた。

12日午前5時44分、第一原発半径10キロ圏内の避難指示を出した。

指示に当たって、私たちは風向きの議論をしている。風向きを調べると、風は幸い海側に吹いているという報告があった。

問題は10キロ圏内の住民に、どのような手段で避難を伝えるかということだった。停電で、かつ通信も途絶えていたことは、いやというほど分かっていた。伊藤危機管理監に相談すると「警察車両や防災車でスピーカーを通じて呼びかけながら走り回るしかない。とにかく何でもいいから避難してもらおう」と提案された。

爆発した場合、半径10キロ圏内で十分なのか、20キロ、30キロ必要ではないかと班目委員長に確認すると、「そんなに大きくは広がらないだろう」という見通しを示した。

10キロに限定したのには、もうひとつ大きな要因があった。避難地域を広げれば広げるほど、避難する住民の人数は幾何級数的に増えていく。すると、それだけ避難に時間がかかることになる。時間がかかればかかるほど、万が一、爆発したときに、避難住民が外部被曝する可能性が高くなる。

12日早朝、総理は最終的に視察を決め、被災地に向かう特別ヘリに乗り込んだ。その直前、記者たちの「ぶら下がり会見」に応じ、「半径10キロ圏内の住民の皆さんにも避難をしていただきます」と告げた。マスメディアを通じて呼びかけたほうが、少しでも現地の住民に伝わるのではないかとの判断が含まれていた。

†経産大臣の措置命令

総理の出発後、中2階の小部屋で私はほとんど海江田大臣と一緒にいた。海江田大臣は必死になって東電側に「早くベントをやれ」と詰め寄っていた。ふだんは物静かな大臣が語調を強めて「君たちがいつまでも躊躇してベントしないのなら、命令にするぞ。命令にするぞ」と何度も繰り返した。私が大臣の横にいながら、同様にいらいらを募らせていたのは言うまでもない。

「命令」とは、原子炉等規制法に基づいて事業者に対して発する、強制力を伴う命令を指す。つまり、もし東電が予定されていたベントを意図的に実施しないならば、措置命令を出して法的手段に訴えるしかないということだ。

海江田大臣は業を煮やしたように、12日午前6時50分、1号機と2号機についてベントの措置命令を出した。

これに前後して、東電から福島第二原発の4基の原子炉のうち1号機、2号機、4号機でも圧力抑制機能が失われたとの異常事態を告げる通報があった。これを受けて、2度目の原子力緊急事態宣言を発令し、福島第二原発の半径3キロ圏内の避難、3〜10キロの屋内退避を指示した。

朝になってもベントが実施されないことで、私たちには爆発に対する恐怖と焦燥感、そして東電や保安院に対する不信感が徐々に芽生えてきたことも否定できない。一言で言えば「やると言ったことがなんでできないんだ！」だった。

もちろん、彼らへの不信感が当初からあったわけではない。それまでの電源車手配やベント実施の問題が積み重なった結果、「彼らの言葉を全面的に信用すれば、重大な判断を誤ることになる」と考えるようになったまでだ。しかし、彼らしか専門家はいない。このジレンマの中で時は流れた。

のちに東電は、ベントが遅れた理由について、福島第一原発がある大熊町《おおくままち》の一部住民が避難を終えておらず、福島県と調整のうえ、半径10キロ圏内の住民避難完了を確認するまでベント実施を待っていた、と説明している。

しかし、当時そのことはいっさい官邸に知らされていない。枝野官房長官がそのことを知らされたのは、事故発生から数カ月も経った後のことである。

この東電の説明には、大きな問題がある。

まず、もし避難完了がベントの大前提ならば、なぜそれを官邸に伝えなかったのか。

繰り返すが、東電はベントをしなければ原子炉が危機的状況に陥るとして、12日午前1時にベントを申し入れてきた。たとえそれによって放射能が外部に放出されても、爆発事故やメルトダウンに比べるとはるかに住民の被害は少ないと判断して、私たちはベント実施を了承し、その後午前6時50分には経産大臣による措置命令を出す判断をした。

措置命令が出ていたにもかかわらず、避難完了を待っていたとするなら、それは明らかな法令違反となる。住民の避難完了を優先事項とするならば、東電は命令を撤回するよう申し入れなければならない。何よりもいつ爆発するか分からない状況だったのだ。

実は、東電の勝俣恒久会長、清水正孝社長両氏とも、この時点で東電本店には入っていない。意思決定者が現場にいなかったのだ。

†限られた情報

この当時、官邸全体はベントを早く実施するよう強く求めていた。なぜやらないのか、その対応が理解できなかった。

東電、保安院、班目委員長、彼らと質疑を繰り返してもいっこうにらちが明かない。11日から12日にかけての深夜、総理は業を煮やして、第一原発で陣頭指揮に当たっている吉田昌郎所長との直接コンタクトを武黒フェローに求めたことがあった。

ベントの実施を議論していた時点か、避難指示の議論をしていたときか、総理は「現地の吉田所長と直接連絡させてくれ」と言った。

そのとき、武黒フェローが自分の横にいた補佐に「現地の吉田所長の、緊急の衛星電話の番号を調べろ」という指示をこそっと小声で言っている姿を見て、私は唖然としたのを覚えている。

「なんだ、この人は福島第一の現場と直接連絡を取っていたのではなかったのか……」

つまり、これまでの官邸への報告や議論はすべて東電本店を通じてなされていたのであり、武黒フェローは現場の状況を直接聞いて、私たちに伝えているわけではなかったのだ。

現場の情報が東電本店と武黒フェローを挟んで官邸に伝えられる。要領を得ないのは当然だった。私たちに伝えるべき情報が東電本店から武黒フェローに十分なかたちで入っていたかどうかも実は分からない。一方で、官邸の指示が武黒フェローと東電本店のふたつのクッションを経由して現地に伝わるということでもある。

「これは危ないな」と思った。官邸の意図が現地にどの程度伝わっているのか、よく分からないということだ。途中でその可能性に気がついた私はぞっとした。

官僚側でも、文系出身の保安院の寺坂院長はまったく要領を得なかった。そのうえ、すぐに平岡次長に官邸での対応を交代してしまった。私たちの中では、原子力の専門家である班目委員長を頼りにするしかなかった。しかし一方で、全面的に信を置けば判断を誤り得るとも感じていた。

私は個人を誹謗中傷するつもりはない。非常事態であるうえに、誰にとっても情報は限られていた。もちろん、それによって私たちが免責されるとも考えていない。ただ、それがまぎれもない事実だった。

†作業員の命

ベントが実施されない状況が続いていた。私にはずっと気がかりなことがあった。福島第一原発の高い放射線量の中で懸命に作業を続けている作業員のことだった。

現場では、すでに被曝事故が発生していた。

**「6：51
17名汚染
福島1　17名
作業員　復帰のため
顔面にひばく
病院に運ばれていない」**（ノート）

第一原発の管理区域内で、現場の作業員17人の顔面に放射性物質が付着した。病院への救急搬送を要しない程度の被曝ということだった。

被曝の危険だけではない。このまま作業を続けてもらったとして、もし爆発が起これば作業員たちの命が危険にさらされることになるのではないだろうか。

その場では口には出さなかったが、不安だった。自分の考えていることが正しいのか、あるいは間違っているのか、私はそんなに強い人間ではない。自分ひとりでその思いを抱えていることに、何とも苦しい思いをしていた。

12日午前5時半ぐらいだっただろう。中2階の小部屋から出て、階段の踊り場でわざわざ寺田補佐官に声をかけ確認した。

「当然のことかもしれないけれど、確認をさせて。このままベントが遅れて、爆発したら、現地の作業員の人たちの命に関わるということだよね」

寺田補佐官は答えた。

「はっきりとは分かりませんが、それはそうだと思いますよ」

「自分が抱いている危機感は、そうズレていなかったんだ」と思った。余計に危機感が募った。それでも現地では作業は続けてもらわねばならない。その判断を下す官邸の責任は重い。苦しい精神状態が続いた。

寺田補佐官とは、それ以降も、緊迫した場面でいろいろなことをささやき合った。彼は、菅総理にとっても心強い補佐官だったと思うが、私にとっても年齢は若いが頼りになる存在だった。

†現地視察

官邸で東電や班目委員長、保安院に状況を聞いても、はっきりした答えが返ってこない。東電本店を介した情報伝達では、正確で迅速な意思疎通はできなかった。そこで総理は直接、福島第一原発に赴いて、吉田所長とコミュニケーションをとらざるを得ないと判断していた。

現地視察の目的は、津波被害の把握だった。東北の被害がどれほどのものか。夜が明けて日の出を迎えれば、上空からでも被害状況がある程度つかめるはずだ。

総理の現地視察については、「総理の現場への直接介入」の象徴的事例として批判された。それについての私の考えと、いくつかの誤解を指摘しておきたい。

私のノートには

「2：20　総理訪福島決定」

と明記している。ここから逆算すると、ベントの意思決定をした12日午前1時半の前後から、総理は5階の執務室で視察に向けて準備を指示したことが推測される。

「日の出　AM5：55

市ヶ谷　AM7：00→AM9：00（2h弱）
AM9：30→AM11：00」（ノート）

12日の日の出は午前5時55分。午前7時に東京の市ヶ谷の防衛省をヘリで出発すると、2時間弱かかって9時前に福島第一原発に到着する。9時半に現地をたてば、午前11時に東京に戻ることができる。

総理の現地視察については、海江田大臣は午前3時ぐらいの時点で「自分も行く」という意向を官邸側に伝えてきた。

しかし、東電を所管する経産大臣と全体責任者の総理が同時に官邸を離れるのは絶対にまずいと思った。私は枝野官房長官にお願いし、海江田大臣になんとかとどまってもらうよう求め、視察を断念してもらった。

総理周辺も、総理の現地視察に反対したことが既成事実のようになっているが、私は異を唱えた記憶がない。

というのも、私は夜中に総理秘書官室で寺田補佐官と視察地域について打ち合わせしたことを覚えているからだ。日没後、現地は停電によって真っ暗だったため、津波被害の状況をまだ確認できていなかった。

そこで、総理が午前中にヘリで上空から被害状況を見たうえで東京に戻るには、どこまで本州を北上できるかを、地図を見ながら調べていた。菅総理は「できれば、津波の被害を具体的に知るために地上に降りたい」とも言った。しかし、寺田補佐官や総理秘書官は「総理が行けば被災地に迷惑をかけることになるうえ、東京に戻る時間が午後になっては困る」と上空からの視察にとどめるよう説得した。

こうした経緯もあって、私は総理の現地視察に強い抵抗はなかった。一国の総理がそれなりの時間をかけて下した判断を止めることはできないと考えたのだ。

災害対策本部の最高責任者たる総理が官邸を離れて現地に赴くことが、いずれマスメディアの批判にさらされるだろうことを、枝野官房長官を筆頭として官邸メンバーは認識していた。

しかし、同時にもし現場に行かなければ、今度は「最高責任者が現地の被災状況も見ないで意思決定をしたのか」とたたかれるだろうことも分かっていた。

どちらにしても批判されるのだ。さらに、現地視察の目的に、原発の状況を正確につかむことも加わった。東電側がベントをやると言いながらやらない。いっこうに事態が進展しない。いったいどうなっているのか確かめる。短時間でも被災地を見て、原発について吉田所長と直接コミュニケーションを図る必要があると考えた。

†現場とつながる

私は官房長官を補佐するため、現地視察には同行していない。特別ヘリの機内で総理の質問に対して班目委員長が「水素爆発の恐れはない」と明言したことは、政府事故調などの報告書で確認されている。

12日午前10時47分、現地視察から戻った菅総理を私は総理執務室で迎えた。

「吉田は大丈夫だ、信頼できる。あいつとは連絡を取り合える。これで現場とつながった」

それが第一声だった。とても印象に残っている。「ベントは早くやります。決死隊をつくってでもやります」と総理に言い切った吉田所長に対する信頼を十分に窺わせるものだった。

事故発生以来、東電、保安院からの情報が不確実で不安だった初口よりも、第一原発の陣頭指揮を執る所長と直接言葉を交わしたことで、総理は次につながる確かな感触を持ち帰った。それが私の率直な印象だった。

それだけに、後になって政府事故調の中間報告を読んでびっくりしたのは、「吉田所長が明け方になって総理が来るのを知ってあわてた」というくだりだった。あり得ない話だと思った。

総理が視察を決めた後に、総理秘書官から東電側には連絡していた。もしそれが現場に伝わっていなかったのならば、それは東電社内における情報伝達の問題である。

「総理の現地視察のためにベントが遅れた」という指摘もまったく事実とは異なる。確かに吉田所長が視察によって指揮系統から離れたことは事実かもしれない。しかし、午前1時過ぎにベント実施を要請してきたのは東電であり、午前3時の段階で「今でもゴーサインを出せば、できる状況」と東電は記者会見で答えている。

私たちにとっては、爆発やメルトダウンのリスク回避が最大の目的だった。そのためのベントだと考えて、ベントの実施を繰り返し求めていた。

視察が現場の実際の作業に支障をもたらすのであれば、そのように保安院や経産省を通じて官邸に伝えるはずである。現場がそうした状況ならば、当然視察は中止できた。視察の準備はしていたが、最終の意思決定の前だったからだ。

事は多数の人命に関わる一大事であり、一刻の猶予をも許さぬ切迫した事態なのだ。それは現場が最も分かっているはずである。そのときに、官邸への視察中止の申し入れを躊躇し、ベント作業を中断するような事情があるとは思えない。もし視察のためにベントができなかったのならば、そのベント作業の中断を誰が意思決定したのかが問題となる。

東電の広報担当者も、「(応急措置であるベントの実施に時間がかかったのは)福島第一原発の現場の放射線量が高かったから(ベント実施を)入念に検討したためだ。ケーブルの仮設など準備作業に時間を要した。(ベントのタイミングと)総理の来訪は関係がない」とコメントしている(2011年3月28日東京新聞朝刊)。

政府事故調の中間報告によると、吉田所長は総理と会った時点で、1号機の非常用復水器(IC)の停止で炉心溶融が起こっている可能性を認識していたらしい。だとすれば、なぜそれを総理視察の現場で告げなかったのかとの疑問が残る。

現地視察を終えて、12日午前10時47分に官邸に戻った菅総理は、原発だけではなく、津波の被害が尋常ではないことをヘリコプターの上空から確認していた。そのときの総理の言葉。

「ほとんど津波
食料、水、毛布、トイレ
原発　第二　全体としてはよくない」(ノート)

上空から見る限り、震災の被害はほとんど津波だった。食料、水、毛布はもちろん、トイレも必要だ。物資の供給が喫緊の課題だった。福島第二原発は12日午前7時45分に原子力緊急事態宣言を発令していた。

現場を見たいとした総理の判断は、批判もあるが、やはりそれはひとつの判断だ。当初、2万人態勢だった自衛隊を5万人、10万人へと矢継ぎ早に引き上げる前代未聞のオペレーションを総理が決断できたのは、一帯に広がる津波被害の惨状を上空から俯瞰して目に焼き付けたからだとも言える。

4　水素爆発

†白煙と爆発

東電にいくら指示・命令してもベントが実施されないことで、私たちは極度の緊張を強いられていた。余震は断続的に続いていた。いつ爆発するかもしれない。時間の経過とともに緊迫の度合いは増していった。

12日午前9時15分、第2回の原子力災害対策本部を総理不在のまま開催した。ベントの実施が遅れていることも踏まえ、各閣僚と認識を共有する必要性があると判断したからだった。

午前9時30分頃、1号機のベント弁を手動で開いたという連絡が入った。「ようやくベントが実施された。この作業を見守ろう」という空気が官邸には流れた。それでも午前3時過ぎのベント実施会見から6時間以上経過していた。

これと相前後して、東電の清水社長が奈良から戻って、やっと東京・内幸町の東電本店に到着している。

1号機の格納容器の圧力低下が確認されたのは、この日の午後2時半だった。現場付近の線量が上昇していることから、放射性物質が外部に放出されていることが窺えた。ベント弁が開き、最悪の事態は回避できたように思えた。

危機的状況は脱しつつあるのでは、と張りつめた気持ちを少しほどいた矢先のことだった。「1号機で白煙が上がっている」とメディアが緊急速報を伝えた。私は総理執務室で班目委員長と一緒にいた。

12日午後4時過ぎ、菅総理が与野党の党首会談から執務室に戻ってきた。東電からも「1号機で白煙が発生している」の報告が入ってきていた。

「この白煙は何ですか?」と総理は班目委員長に尋ねた。

「原発のサイトの中には揮発性のものがたくさんあるので、それが何か燃えているのではないですか」班目委員長の答えはあいまいな推測に終始した。

そんなさなか、執務室に寺田補佐官が血相を変えて飛び込んできた。

「総理、原発が爆発しています! 今、テレビに映っています!」

そう叫びながらリモコンを急いで操作して、日本テレビの画面を映し出した。1号機の建屋上部が吹き飛んで、無惨な姿をさらしていた。総理と私は一瞬絶句して、ほぼ同時に叫んだ。

「白煙どころではないではないですか！」

「これはどう見たって爆発ではないですか！」

班目委員長は爆発の映像を見て、あちゃーというように表情をゆがめて、そのまま頭を抱えこんだ。

総理は「これはどういうことになっているのですか？」と冷静に問いただした。私は「あれはチェルノブイリ型の爆発ですか。チェルノブイリと同じことが起こったのですか」と続けた。班目委員長は、ほとんど何も答えることができなかった。

全力で回避しようとしていた最悪の事態がとうとう起こってしまった。暗澹たる思いで、何度も繰り返される爆発の映像を眺めた。厚さ1メートル以上のぶ厚いコンクリートで造られた建屋の上部が一瞬のうちに吹き飛んでいた。

「あんな爆発だったら、現地の人間はすぐに分かるはずだろう。なぜ報告が上がってこないんだ。早く情報を上げてくれ！」

総理は秘書官に強い口調で指示を出した。あの爆発がチェルノブイリ型の爆発なら住民の安全は？　作業員は？　対応を急がなければ、と考えるが、まったく情報が来ない。時間だけが経過していく。

保安院に確認しても、「白煙が上がっていて、現在調査中です」という答えしか返ってこなかった。

†情報の遅れ

この爆発について、時系列で確認しておきたい。1号機で爆発が起きたのは、12日午後3時36分だった。地元の福島中央テレビはこの映像をすぐに流したが、全国ネットの日本テレビが放映するのはそれから1時間以上経った午後4時49分だった。その映像をテレビで見て、私たちは初めて爆発の事実を知ることになる。

午後5時35分に「福島第一原子力発電所1号機付近での白煙発生について」と題する東電の広報資料が発出された。そこには次のように記されていた。

「午後3時36分、直下型の大きな揺れが発生し、1号機付近で大きな音があり白煙が発生しました。プラントの安全確保作業に携わっていた当社社員2名、協力企業作業員2名が負傷したため、病院に搬送しました」

爆発から2時間経過した段階でも、東電の広報資料は「白煙発生」という表現になっている。しかも、その間に爆発の映像がテレビで何度も流れ、国民はそれを目にしているにもかかわらず、だ。

その後、爆発後の建屋の写真が東電側から福島県庁だけに示されていることも判明した。これほど重要な情報が福島県庁には示されながら、なぜ官邸には上がってこないのか。枝野官房長官と私は憤然とした。

情報の速さと正確さは事態を決定的に左右する。その情報の流れのあちこちに齟齬《そご》があった。電源車、ベント実施の遅れ、白煙、爆発の情報と写真、情報の不正確さと伝達の悪さ、混乱は当初から立て続けに起こっていた。

†官房長官会見

「あんな爆発が起こっているのに、なぜまだ報告が〝白煙〟のままなんだ！」東電や保安院に何度聞いても、それ以上の情報は上がってこなかった。

後になって分かることだが、これはチェルノブイリ事故のように、燃料棒が炉心溶融を起こして原子炉ごと吹き飛んだ爆発ではなかった。原子炉で発生した水素と建屋内空気の酸素が反応して起こった水素爆発だった。

つまり、格納容器ではなく、原子力建屋の爆発である。水位が下がった炉内では、むき出し状態で高温になった燃料棒が周りの水蒸気と激しく反応し、大量の水素が発生していたのだ。

前述したように、菅総理は現地視察に向かうヘリの中で班目委員長に、原発の水素爆発の可能性について問いただしている。「原発が水素爆発することはない」との答えは同行した寺田補佐官も確認している。

私はのちに班目委員長に、副長官執務室で1対1になったときに確認したことがある。

「ひとつだけ聞かせていただきたいのですが、総理や寺田さんは別として、班目さんが私たちに水素爆発の可能性について言及されたことは、1号機の水素爆発までに一度もありませんでしたよね」

班目委員長は「いっさい自分は言っていなかった」ことを認めて、「自分は格納容器の状態について頭がいっぱいだったので、建屋に水素が入って爆発することについてはまったく頭の中になかった」と釈明した。

こういうときの班目委員長は、いたって潔く回答する人物だ。

12日午後5時45分から枝野官房長官の会見が予定されていた。爆発の詳細はまだ分かっていない。官房長官は通常、事前に秘書官と各省庁の担当者から必要な情報をすべて受け取って会見に臨む。前述した東電の「白煙発生」の資料が回ってきたのは、5時35分、まさに会見の直前だった。

私は総理執務室で枝野官房長官に「これでは、なぜあの爆発が起こったのか説明のしようがありません。爆発の状況についてもう少しくわしいことが言えるまで、会見の時間をずらしてはどうでしょうか」と提案した。

官房長官は「うーん」としばらく考えこんでから顔を上げた。

「いや、行きますよ。これだけの映像がもう流れているのに、会見を遅らせれば、政府は何をしているんだ、何か隠しているのではないかと言われる。国民は余計に動揺するでしょう。会見は予定通りやりますよ」

私たちのやりとりを厳しい表情で聞いていた総理は一言、「うん、やってもらおう」。官房長官の記者会見を予定通りやることが決まった。

「すでに報道もされている通り、福島第一原発において、原子炉そのものであるということは今のところ確認されていないが、何らかの〝爆発的事象〟があったと報告されました。現在、事実の詳細な把握に全力で取り組んでいます。落ち着いて対応いただくよう重ねてお願いします」

午後5時45分、記者会見に臨んだ枝野官房長官は、1号機で起こった爆発を「爆発的事象」という言葉を使って表現した。これは長官自身が考え出した表現だった。あの会見に臨む枝野官房長官の気持ちは察するに余りあるものだった。

このとき、私はまだ、1号機で起きた爆発が水素爆発であるということを知らない。会見に陪席しながら、私は「チェルノブイリ型の爆発がとうとう起こってしまったのか」という沈痛な思いに満たされていた。

†「官邸に会見を止められた」

この「爆発的事象」の官房長官会見については、前出のNHKスペシャル「シリーズ原発危機　事故はなぜ深刻化したのか」で取材を受けた際に驚いたことがあった。

それは「保安院も当時、爆発事故を受けて会見する予定だった」ということである。しかも、「その会見に官邸からストップがかかった」ということだった。

私自身はそのことをまったく知らなかった。当時、私たちには保安院が個別にやる会見は念頭になかった。少なくとも官房長官と私の中では、官房長官会見が最も国民とのコミュニケーションを図るものだと考え、その会見をいかに十全たるものにするかが最優先課題だった。

事の真相は、白煙問題で保安院が会見することを聞いた総理秘書官が「保安院が記者会見する場合は、それに関する情報を事前に官邸に上げてください」と伝えたことがきっかけだった。それまで保安院は、官邸に時刻も内容も連絡しないまま会見を開いていた。それでは情報が錯綜し、国民が混乱する。

秘書官からの注意喚起を保安院は「官邸に会見を止められた」と受け取って、それ以降、保安院は「官邸の了解を得ない限りは会見をしないことを決めた」という。このことは、震災から1年以上経過した2012年3月に開催された「原子力安全規制情報広聴・広報事業総合評価委員会」で保安院自らが明らかにしている。

ここにはふたつの問題がある。

ひとつは、保安院が情報を逐一上げないため、会見の内容が事前に官邸に伝わっていないということだ。「官邸が知らないことを勝手に保安院が会見されては困る。しっかり情報を共有してから会見してほしい」総理秘書官がそんなふうに情報共有を促したのは当然のことである。

もうひとつの問題は、秘書官の言葉を「官邸に許可を得なければ会見ができなくなった」と勝手に拡大解釈して、官邸に責任を転嫁したことだ。ここから「官邸が保安院の会見を止めて、都合の悪い情報は保安院に言わせないようにした」というストーリーができあがってしまった。

ただ、不可解なのは「あの段階で保安院は会見で何を発表しようとしていたのか」ということだ。保安院が会見を止められたという時間は、私たちの手元に爆発の説明材料が何もなく、記者会見の延期までも検討していたまさにそのときだった。

もし保安院が会見をするというのなら、何らかの別の情報を持っていたのかもしれない。しかし、その情報を官邸に上げる前に会見するのはそもそもおかしい。即座に官邸に上げて情報を共有するべきだ。

保安院と官邸のディスコミュニケーションが象徴的に表れたケースだった。しかし、国民から見れば、官邸であろうが保安院であろうが、同じ「政府」である。政治が悪いと言われればその通りであり、まぎれもなく政府全体の責任である。これは政府が抱える「体制」の問題であり、第3章でくわしく検討したい。

今回のオペレーションが困難を極めたのは、原子力という高度に専門的で間口の狭い分野で起きた巨大事故だったにもかかわらず、保安院や東電と官邸との間で大きなディスコミュニケーションが生じていたからである。

5　海水注入

†「ゼロではない」

官邸では、12日午後から総理、経産大臣、原子力安全委員会、保安院、東電、原子炉メーカーなどで、1号機の炉心に水を注入する必要性が論じられていた。水を注入しなければ、燃料棒が露出してメルトダウンが始まってしまう。

班目委員長は事故発生の当初から水の注入の必要性を訴え、淡水がなくなれば代わりに海水を注入するよう主張していた。

しかし、後になって分かることだが、そのとき1号機はすでにメルトダウンしていた。メルトダウンどころか、原子炉内では燃料がすべて溶け落ち、圧力容器の底を突き破って格納容器にまで達するメルトスルー（原子炉貫通）を起こしていたのだった。

私は一方で津波のオペレーションにも当たっていたため、地下の危機管理センターと5階の総理執務室の間を走り回っていた。

12日午後5時45分からの官房長官会見に陪席をした後、午後6時過ぎに総理執務室の隣にある広めの応接室に入った。これ以後、この応接室が意思決定と陣頭指揮の拠点となる。そこでは、すでに払底してしまった淡水の代わりに海水を注入するオペレーションについて議論されていた。東電の武黒フェローは「爆発で現場がめちゃめちゃに破壊されており、海水を引っ張ってくるための管やポンプが使えるかどうか分からない。それを調べるためには1時間半から2時間かかる」と話した。

総理が2点について班目委員長に確認した。

ひとつは「塩水を入れて大丈夫か」ということだった。これに対しては、腐食の可能性や塩分がかたまって流路をふさぐ可能性があることが指摘された。

もうひとつは「再臨界はしないのか」ということだった。いったん止まった核分裂反応が再び始まることを再臨界という。再臨界が起こると、核分裂反応は制御できなくなり、原子炉は爆発への道を突き進むことになる。これは絶対に避けなければならない事態だった。

班目委員長は再臨界の可能性は「ゼロではない」と答えた。このときの委員長の表現がのちに問題となった。「班目委員長は再臨界の危険性があると言った」と5月21日の会見で話した細野補佐官の言葉に、委員長自身が「科学者として私がそんなことを言うはずがない」と強く反論した。

翌日、私は班目委員長に、事の真意を確認した。次のような会話が交わされた。

「班目さんは〝ゼロではない〟みたいなことは言われていましたよね」

「それは言ったかもしれない」

「原子力安全委員会の委員長に〝ゼロではない〟と言われたら、素人の私たちは〝あるかもしれない〟と思いますよ」

「私が言う〝ゼロではない〟は、科学的にはほとんどゼロに等しい。頭の中ではそういうことになっている」

私は閉口するとともに、あきれ驚いた。科学者というのは、こういう頭の構造をしているのか。このような〝禅問答〟による情報をあてにして、私たちは意思決定していたのか、と——。

†海水注入中断の指示

1号機の炉心への海水注入の準備には1時間半から2時間かかるという。「では、その2時間の間でいいから、塩水の影響と再臨界の可能性について原子力安全委員会で検討しておいてほしい」という総理の言葉で、その場はいったん散会した。

12日午後7時40分頃、再度参集した総理執務室で、細野補佐官が現地の放射線量のモニタリング数値を示した。爆発後は数値がいったん上昇し、徐々に下がっていた。このため爆発したのは大量の放射性物質をまき散らす格納容器ではなく、水素爆発によって建屋上部が吹き飛んだことが報告された。

私のノートには、モニタリングの数値が記されている。

「モニタリングカー
14：00頃　ベント
15：29　1015
15：30　500
400
200
15：36
15：46　860
16：15　108
17：54　84
18：58　70・4

↓低下」

「15：36」は水素爆発があった時刻だ。そこから放射線量がいったん860に上昇した後、108、84と数値が下がっている。格納容器が爆発すれば、この現象はあり得ない。

続いて東電からの報告をメモしている。

「ポンプ動く
管　生きている　20：00までに確認
制御棒↓臨界を未然に防ぐ
↓全挿入
PM8：00　確認↓起動
150t」

ここで初めて、心配されていたポンプが動き、管も使えることが明らかにされた。制御棒が全挿入されているので再臨界の恐れはない。水を注入できることが確認できたわけだ。12日午後8時に確認後、ポンプ系を起動させて海水150トンを注入する。

同席した鈴木清官房副長官秘書官が、このときのやりとりをよりくわしくメモしている。

「東電　テストラン完了↓OK
管が生きているか↓Yes　20：00までに確認する

人は作業できるか？
ホウ酸水を入れて未臨界確保できるのか？
海水と真水とで違いはない
制御棒全挿入なので大丈夫
臨界には絶対ならない
ホウ酸水を注入すればＯＫ」

この時点で「塩水の影響」と「再臨界の可能性」について問題はないことを確認している。原子力安全委員会からは「塩水や再臨界も問題はない。とにかく水を入れることが最優先だ」との報告があった。総理の疑問に答えが出た。これを受けて12日午後8時前、総理から経産大臣に海水注水を指示した。

これも後になって分かったことだが、実は現場ではすでに海水注入が始まっていた。そして「この間、官邸から海水注入中断の指示があった」との指摘が東電側からなされ、それ以後、この〝指示〟をめぐって事故調や報道で取りざたされることになる。

官邸では海水注入は大前提の話であり、共通の認識だった。少なくとも総理が「海水注入の中断」を口にしたことは一度もなかった。そのうえで注入を準備する間に「塩水の影響」と「再臨界の可能性」が問題ないことを確認するよう指示しただけである。

これが官邸における、海水注入中断騒ぎの全容である。

政府事故調の中間報告書は、12日午後7時4分、現場で海水注入が始まっていたことを知った武黒フェローが、注水をいったん中止するよう現場に要請したことを明らかにしている。総理が再臨界などのリスクについて懸念していることを「総理大臣の了解が取れていない」と解釈した武黒フェローが現場に中断を求めた。しかし、吉田所長が独断で海水注入を続けさせたという。

東電内部のやりとりについて私たちは知る由もないが、ここでも電源車手配やベント実施と同様の事態が生じている。

すなわち、官邸は東電の要請や方針に基づいて意思決定をしていた。しかし、その要請や方針が実施されなかったり、不確実であったりすることが多く、どのようなプロセスで東電内で決まっているのか、私たちにはまったく分からなかった。

そして、後になってあたかもつじつま合わせのように、事実とは異なるストーリーがアリバイ的に発表される。「総理による海水注入中断の指示」は、その典型的なケースだと私は思う。

†避難地域の拡大

ベント実施と水素爆発があった12日、住民避難の対象地域が一挙に拡大した。ベントが遅れていることの危機感から、避難区域を第一原発の半径3キロ圏内から10キロ圏内に拡大したのは午前5時44分だった。この頃、福島第一原発の南方約12キロにある福島第二原発でも、1号機、2号機、4号機が相次いで圧力抑制機能を喪失し、緊急事態を国に報告している。

12日午前7時45分、第二原発の半径3キロ圏内の避難、10キロ圏内の屋内退避を指示。第一原発1号機の水素爆発を受けて、午後5時39分には第二原発の避難区域を10キロ圏内に広げた。

水素爆発からの避難であると同時に、これは第二原発でも同様の爆発が起こり得ると判断したうえでの措置だった。さらに午後6時25分、第一原発の避難指示を半径10キロから20キロ圏内に広げた。

この半径20キロ圏への拡大を指示した時点で、1号機の爆発が水素爆発かどうかはまだ判明していない。さらに第一原発は1号機の水素爆発に続いて、綱渡り状態にあった2号機、3号機とも事態は急速に悪化し、危険な状況にあった。

この20キロ圏の避難指示について「20キロではなく、もっと避難の区域を広げるべきではないか」との意見は官邸内にもあった。

しかし、避難区域の同心円を広げると、避難対象住民の人数は一挙に増える。3キロ圏内だと5862人。10キロ圏内だと5万1207人、20キロ圏内だと17万7503人。5万人避難と17万人避難のオペレーションはまったく異なる。

自動車その他の方法を使って自力で避難できる住民はいいとしても、妊婦、子ども、入院患者、高齢者に、優先的に避難してもらわなければならない。入院中や寝たきりのお年寄りなど、自力での避難が難しい場合は、自衛隊や警察に協力を仰ぐ必要がある。避難住民が増えるにつれて、当然、優先すべき避難人数も増える。

20キロ圏内の17万人を超す住民の避難にどの程度時間がかかるかを伊藤危機管理監に問い合わせたところ、ほぼ5日間から1週間かかるとのことだった。30キロ圏内に広げると、さらに日数を要することになる。

また前述したように、外縁の住民が先に避難すれば、より早く避難させるべき、原発に近い住民の避難が渋滞等で遅れてしまう。半径20キロという数字には、そうした判断があった。

また20〜30キロ圏内なら、自宅待機のほうが外へ避難するより外部被曝の可能性が少ないと考えた。なぜならば、この時点で原子炉はまだいつ爆発が起きて大量の放射性物質が放出されるか分からない、極めて不安定な状態だったからだ。そして避難の範囲を広げれば広げるほど、その避難所の確保に迫られるが、その準備は保安院にはなかった。

†3号機爆発

3号機は津波襲来から非常用の冷却装置が起動して原子炉を冷やし続けていたが、それはあくまで「非常用」だった。まもなく冷却装置は停止して、原子炉の空だき状態が続いていた。炉内の水位は下がり、圧力は高まった。3号機で燃やしているのは、他の号機のウラン燃料とは異なり、極めて毒性の強いプルトニウムを混ぜたMOX燃料だった。

3号機は徐々に危機的な状態に陥りつつあった。13日午前5時10分、東電は3号機に原災法第15条事象(原子炉冷却機能喪失)が発生したと判断して官庁に通報した。このときのノートを見よう。

「圧力容器を減圧する
バッテリ　2h　AM11:00
4m　3m　出ている
1m　水内

蒸気留
海水の投入準備完了
バッテリー接続
炉心　5h　15時
9：10　バルブ空いた
圧下がる
70→5気圧　注水」（ノート）

断片的なメモのため、意味のはっきりしない箇所もあるが、メモを追ってみる。
圧が高まった圧力容器を減圧する必要がある。すでに約4メートルの長さの燃料棒のうち、1メートルは水に浸されているが、3メートルは露出している。海水を注入する準備は完了していた。

冷却系のためのバッテリーを接続して、午前9時10分頃にベントのバルブが開いて、圧力容器は70気圧から5気圧に下がり、やっと注水することができた。しかし、注水が中断していた時間は6時間以上に及び、この間に炉心は溶け出し、大量の水素が発生したと見られる。

14日午前11時1分に起こった3号機の水素爆発については、枝野官房長官の会見中に秘書官からメモが入った。陪席していた私はあわてて官房長官にメモを手渡した。

政府事故調の中間報告は、3号機の原子炉への海水注入が遅れた「不手際」を「極めて遺憾」と批判し、東電部長らが現場の吉田所長に海水を避けるよう指示したことを明らかにした。さらに、FUKUSHIMAプロジェクト委員会著『FUKUSHIMAレポート』（日経BP社）は、「廃炉を恐れた」ことによる海水注入の人為的な遅れが爆発につながったことを、詳細なデータをもとに裏付けている。

国会事故調の報告書では、3号機への海水注入の遅れについて、13日早朝の東電社内テレビ会議での、吉田所長の以下のような発言を紹介している。

「官邸から、ちょっと海水使うっていう判断をするのが早すぎるんじゃないか、というコメントがきました。で、海水使うということは、もう廃炉にするというようなことにつながるだろうと、こういう話で、極力ろ過水なり、真水を使うことを考えてくれと」

しかし、この発言に出てくる「官邸」は、官邸にいた武黒フェローら東電社員のことであり、私を含む官邸メンバーのことではない。

ここで問題なのは、海水を使うなという東電社員による判断や指示を、吉田所長ら現場が「官邸の判断・指示」と解釈している点である。当時の官邸は、そのような指示はまったく出していない。

3号機の水素爆発は、2号機の状況をさらに悪化させた。2号機ではいったん開いたベント弁が閉まって、午後には冷却機能が喪失した。原子炉の水が下がって燃料棒が露出し、損傷が始まった。

1号機、3号機が爆発し、2号機も危機的状態だった。さらに4号機の原子炉建屋5階にある使用済み核燃料が入ったプールの水温がじりじりと上昇を続け、14日未明には84℃を記録した。

プールには未使用の燃料を含め1500本以上の燃料棒が保管されている。

プールの水が蒸発して核燃料が露出し過熱すると、放射性物質が何の障壁もなく空気中に放出される。そうなれば首都圏の住民も避難対象となってしまうことも予想された。

6　計画停電

†自宅療養患者

これだけ原子炉の状態が危機的であるにもかかわらず、実は13日の夜から14日未明にかけて、私の原発事故に関わる記憶は断片的になっている。というのも、枝野官房長官と私は、このとき「計画停電」への対応にかかりっきりになっていたからだ。

前代未聞の計画停電は、東電から13日夜に発表されたが、詳細については少なくとも官房長官と私は知らず、官邸との事前協議もなかった。

計画停電は翌14日の朝6時20分から関東地方での実施を予定していた。被災地と原発事故の対応で、官邸全体がひっくり返っているさなかだった。

13日午後9時20分からの電力需給緊急対策本部で、片山善博総務大臣から「計画停電の対象地域で人工呼吸器を使って自宅療養している患者に対する危険があるのではないか。そこは注意をしてほしい」との問題提起があった。

たとえば、狭心症の患者は、充電型バッテリーを使って在宅ケアをしている。彼らが朝からの計画停電を知っているかどうかは分からない。バッテリーが切れていることに気づかずに、死亡に至るケースもあるという。厚労省としては訪問看護ステーションを通じて対応したいが、この日は日曜で全員への連絡は無理だという。

正直に言うと、私の中では「この状況下でいきなり計画停電を発表して、東電はいったいどういうつもりだ」と苦々しい思いが渦巻いていた。

†「告発するぞ!」

なんとか計画停電をずらせないか。枝野官房長官と相談して、14日午前1時に東電の電力需給対策の担当副社長と担当者を官房長官執務室に急遽呼び出した。厚労省は懸命に緊急の対応策を取る準備をしていた。14日の午前10時まで時間の猶予をもらえれば、ケアマネージャーに至急連絡を取って、なんとか患者宅を走り回らせるという。

「自宅療養の患者さんへの対応もあるので、なんとか計画停電の開始を数時間延ばせないか」枝野官房長官と私は執務室で東電側に求めた。懸命に対応していた中村格《いたる》、大島一博両官房長官秘書官は、心配そうに同席していた。

当時は、地震のために電力の需要が低下しているはずだった。ＪＲや私鉄も間引き運転をしているうえ、首都圏に広く節電を呼びかけてもいた。

私は「過去の電力需要と震災後のこの2日間の電力需要がどの程度なのか。現在の電力の供給体制がどの程度なのか。本当に電力の需給環境が逼迫《ひっぱく》しているのか」と矢継ぎ早に問いを重ねた。

これに対して東電側は「もういっぱいいっぱいで、計画停電しなければブラックアウト（大規模停電）の可能性もあります」と答えた。しかし、来ていた彼らは、電力需給を示すデータも持っておらず、どういう根拠をもとにそう主張しているかが分からなかった。

枝野官房長官が「もしここで本当に人が死んだらどうするんだ」と迫ると、東電側は「今までも突発的な停電はありましたが、そんな事例は聞いたことがありません」と答えた。私は提案した。

「しかし、地震が起きた2日前の3月11日から電力需給は落ち込んでいるはずだ。大口の顧客に協力してもらって、電力使用を節減するよう説得してもらえないか」

それに対する彼らの答えに私たちは驚きあきれた。

「大口の顧客はお客さまですから、電力使用量を減らしてくれなどとは、我々からは言えません」

彼らにとって、大口需要者はお客さまで、一般世帯の小口需要者はお客さまではないと言わんばかりだった。平然と答えたその言葉に、枝野官房長官がついにキレた。

「もしこれで本当に人が亡くなったら、東電は殺人罪だ。ひとりでも亡くなったら、私が未必の故意で告発するぞ！」

枝野官房長官のそんな姿を私が見たのは初めてだった。

私はいらだつ気持ちを抑えながら、「とにかく午前3時まで大口の顧客も含めて交渉してきてほしい。本当に電力需給がギリギリなのか、ちゃんと数字を持って3時に再度来てください」と告げた。

†延期会見

14日3時に官邸に戻ってきた副社長は、すました顔で報告した。

「なんとか大口のお客さまの協力を得ました。電力需給の状況を見たら、大変に節電の協力をいただいているので、14日の午前中は計画停電をしなくても電力需給はなんとかなりそうです」

私たちはホッとするどころか、「なんでそれを早くやらないんだ」という気持ちでいっぱいだった。とにかくこれで朝6時20分からの実施は避けられた。

次の課題は計画停電の延期をどう発表するか、だった。予定の時間からは実施しないと発表すれば、逆に需要者は油断して電力需要が伸び、本当に大停電が起きかねない。また、発表した方針がすぐに変更されるということになれば、政府への信頼は揺らぐことになるだろう。

結局、計画停電の本来の実施予定時間の直前の14日午前5時15分に会見を開いた。枝野官房長官は、とても分かりにくい表現で停電延期を伝えざるを得なかった。

「計画停電は計画区域内において電力供給が止まる可能性があるということです。従って、計画区域内でも電気が使えることもありえます。逆に電気が使えるからといって計画停電が行われていないわけではありません」

結果的に、その日のほぼ夕方まで計画停電は行われなかった。

昼ぐらいに、厚労省から「全世帯に連絡がつき、バッテリーも届けることができました」と報告があり、これで命には関わらないことを確認した。計画停電については以後、ほぼルーティンで実施されることになる。

枝野官房長官の14日朝の会見で3号機の問題について言及しなかったのは、まず計画停電についてきちんと伝えようという趣旨からだった。総理にはほとんど事後報告だった。

この対応についてメディアは「計画停電　大混乱」「停電情報、二転三転」と政府と東電に激しい批判を浴びせた。ある意味では仕方なく、甘受するほかない。この前後から東電や政府に対するメディアの論調は批判色を強めていった。

この計画停電のプロセスには、大前提となる問題点がいくつかある。

まず、東電は計画停電をいかなる根拠と手続きをもって決定したかということだ。結果から見れば、計画停電は予定した日の夕方まで実施せずにすんだ。電力の需給状況を精査し、大口の顧客に協力を求めればすんだことだった。しかし、東電はそれを自ら行動に移すことはなかった。

確かに計画停電の予定は二転三転し、首都圏の住民には多大なご迷惑をおかけした。実際のオペレーションを経産省にゆだねればよかったという指摘もある。

しかし、私の個人的な意見として言えば、経産省が東電に対して指導的な役割を果たせたとは思えない。計画停電のオペレーションを東電や経産省に任せていれば、さらなる混乱が生じたのではないか。わずか半日の実施の延期だったが、オペレーションの主体がもし官邸でなければ、東電の言いなりになって計画停電は実施されていただろうというのが私の正直な印象である。「電力の供給者は自分たちだ。停電したら困るだろう」と言わんばかりの東電の対応だった。企業体質がよく表れた出来事だった。

7　東電撤退阻止

†不穏な空気

14日夕方になって総理の応接室に入ると、それぞれの原子炉が不安定さを増して、オペレーションがより難しくなっている、とのことだった。原発プラントメーカーの東芝と日立の社長も呼び出されていた。

そのとき、執務室の隣の応接室で、各原子炉が置かれた状態をホワイトボードの図を示しながら明快に説明してくれたのが、資源エネルギー庁から派遣された安井正也部長だった。安井部長の説明によって、私たちは刻々変わる1～4号機の状況についてやっとイメージできるようになった。以後、私たちは安井部長の知見に頼るようになった。

専門家ではないにしても、複数の困難なオペレーションが1～4号機まで同時並行で進んでいることは私にも理解できた。こんな綱渡りのような作業をこれからも続けていかなくてはいけないのか、と空恐ろしくなった。思わず、安井部長や保安院の担当者に向かって「こんなアクロバットなオペレーションは持続可能なのですか?」と尋ねたことを覚えている。

14日夕方から夜にかけて、官邸周辺は不穏な空気に包まれた。それまで官邸に姿を見せていなかった経産省の松永和夫事務次官らが官邸内を行き来するようになっていた。私は不可解な思いを抱いた。

それと相前後するように、東電の清水正孝社長から「現場から撤退したい」という趣旨の電話が複数の官邸メンバーや経産大臣に相次いでかかってきていた。

私にそうした電話はなかったが、枝野官房長官には一度か二度、海江田大臣には二度あった。細野補佐官にもあったが、補佐官は「自分は聞く立場ではない」と言って電話に出なかったと当人から聞かされた。

「東電が撤退と言ってきているみたいですよ」「撤退とはどういうこと?」などと寺田補佐官と私はごそごそと話していた。

†撤退やむなし

14日夕方からの官邸内のざわついた雰囲気は15日に日付が変わった深夜ににわかに緊迫の度を増した。東電からあらためて海江田大臣と枝野官房長官に撤退の連絡が来て、総理の執務室周辺があわただしくなった。

「これはきちんと議論しよう」ということになり、応接室のテーブルの上に散らばっていた資料やペットボトル、飴などをいったんきれいに片付けた。

仮眠を取っていた総理を除き、枝野官房長官、海江田大臣、班目委員長、安井部長、伊藤危機管理監、細野・寺田両補佐官、保安院、原子力安全委員会の各スタッフらが顔をそろえた。

撤退について真剣な議論が始まった。安井部長は再度、各原子炉の現状を説明し、「現場の士気は高い。まだできることはある」と話した。

議論は重苦しい空気の中で15日午前3時前まで続いた。

東電が撤退を申し入れているからには、現場は相当危険な状況にあると考えられた。20キロ圏内の住民は避難している。それが12日までの状況と決定的に違っていた。これだけ避難が進んでいれば、爆発事故が起こっても住民の大量被曝は最低限避けられるのではないか、と考えた。

むしろ生命の危険にさらされているのは、事故の収拾に当たっている吉田所長をはじめとした東電の作業員たちだった。当時、第一原発には約700人の職員、作業員がいた。そのリスクを抱えた状態をどこまで引き延ばすことができるか、という判断を迫られていた。

当時、私たちは福島第一の原子炉がメルトダウンを起こしているとは考えていない。しかし同時に、メルトダウンや爆発のリスクは高いと認識していた。全体のオペレーションを進めながら、作業員たちの生命を守れるギリギリのラインはどこなのかを必死で探った。

そんな中で「撤退もやむを得ないかもしれない」という雰囲気があったのは事実だ。自信を持って「撤退はあり得ない」と主張する人間はいなかったと思う。しかし、現場を放棄してメルトダウンや爆発が起こったら、その原発周辺にとどまらず、被害の及ぶ地域は福島県全域、あるいはそれ以上に一挙に拡大することも分かっていた。

†御前会議

私は何となく「作業員の生命を考えれば撤退もやむなし」という空気が広がるのに抵抗を覚えていた。本当にそれでいいのか、そう思って提案した。

「これは重要な問題ですから、やはり総理の判断を仰いだほうがいいのではないでしょうか」

全員それに同意して、松本防災担当大臣、藤井官房副長官、瀧野官房副長官にもその場に来てもらうことになった。重大な意思決定だ、自分たちだけの判断では決められない、という認識は共有していた。

このときのことはよく覚えている。松本大臣はすでに議員宿舎に帰宅していたため、電話で連絡を取って、私の秘書官を迎えに行かせたからだ。

午前3時、岡本健司総理秘書官が総理を呼びに行った。しばらくして総理が執務室に入ってきた。執務室には海江田大臣、枝野官房長官、細野補佐官、寺田補佐官、伊藤危機管理監、私が集まった。空気は緊迫していた。海江田大臣が厳しい面持ちで「東電が撤退を申し入れてきていますがどうしましょう。原発は非常に厳しい状況にあります」と伝えた。

総理は一瞬考えたのち、「撤退なんてあり得ないだろう」と意を決したように言った。

「撤退なんかしたらどうするんだ。1号機、2号機、3号機が全部やられるぞ。燃料プールまであるぞ。あれを放っておいたらどうなる。そんなことをしたら福島、東北だけじゃない。東日本全体がおかしくなるぞ。厳しいが、やってもらわざるを得ない」

みんな我に返ったように総理の判断にうなずいた。

総理の言葉を受けて、この執務室でいったん全体のコンセンサスができあがった。私たちは重い足取りで隣の応接室に移動した。私は後ろのほうから付いていくときに妙に落ち着いた気分になっていた。

「撤退はないのだ。作業員には申し訳ないが、まだこの苦しいオペレーションは当分続けてもらわねばならない」そんなふうに気持ちが定まった。

応接室では、班目委員長をはじめ原子力安全委員会や保安院の幹部たちが控えていた。安井部長があらためて1～4号機の状況説明をした。

それを聞き終えて総理は、まず「撤退などあり得ない」と明言した。そして、事故収束に向けての作業を続けるため、政府と東電の情報を一体化する連絡室を東電内につくることを提案した。これが福島原発事故対策統合本部である。

「細野君に常駐してもらおう」と総理は言った。

総理は、政府と東電を統合した対策本部の設置が法的に可能かどうかを山崎総理秘書官に調べさせた。原子力災害特別措置法第20条の3項に次のような条文があった。

「原子力災害対策本部長は、当該原子力災害対策本部の緊急事態応急対策実施区域における緊急事態応急対策を的確かつ迅速に実施するため特に必要があると認めるときは、その必要な限度において（略）原子力事業者に対し、必要な指示をすることができる」

秘書官は「総理の権限は、これだけ強いので大丈夫です」と伝えた。

「では、清水社長を呼んでくれ」

清水社長が来るまでに、総理は執務室に私たち政治家だけを集めて、おおよそ次のようなことを淡々と話した。

「1号機から4号機まですべて放棄すれば、大量の放射性物質によって東日本全体がだめになる。60歳以上の人間はみんな決死隊で行けばいい。寺田君や細野君は若いし、まだ先があるからだめだが、私はもう子どもをつくる必要はないから、陣頭指揮を執ろうと思えば執れる。このまま放っておけば外国が日本に来て原発を処理する。そうしたら日本は占領されるぞ。何としても撤退などあり得ない」

このときの総理の話は、このあと、東電本店で社員を前にして話した内容のもとになるものだった。

†清水社長

15日午前4時を過ぎて清水社長が官邸に来た。

「清水社長、来られました」という秘書官の報告を受けて、寺田補佐官が「迎えに行ってきます」と立ち上がった。

私は、寺田補佐官を追いかけ、執務室を出た廊下で声をかけて、「清水さんが総理の前で撤退なんて言い出したら大変なことになるぞ」と言った。強い主張で迫る菅総理の性格を踏まえての発言だった。

寺田補佐官は「そうですよね。僕から清水社長に伝えておきますよ」と応じた。

ここからが、本書のプロローグのくだりである。

東電側は3人で来たと秘書官から聞いていたが、清水社長はひとりで応接室に入って来た。

菅総理は「連日、ご苦労様です」と切り出したあと、一言「結論から申し上げます。撤退などありませんから」と淡々と告げた。

すると、清水社長はややうなだれながら「はい、分かりました」と頭を下げた。

清水社長の反応に、同席した人間はみんな不可解に思ったそうだ。あれだけ撤退、撤退と繰り返し言っていたのに、なぜこんなにあっさり引き下がるのだろうか。私も確かに意外だったが、一方で「寺田さん、本当に清水さんにあらかじめ総理の意向を伝えたな」と思っていた。

ところが、後で寺田補佐官に確認すると、「いや、そのことは結局、言えなかったんです」という答えが返ってきた。

総理はさらに清水社長に「東電本店に政府との統合対策室をつくります。社内に連絡室をつくって細野君を常駐させてほしい。部屋と机を用意してください」と求めた。

そのときは、さすがに清水社長は、えっ？　とびっくりした表情になった。

「今からみんなで行くので準備しておいてほしい。どのくらいで準備できますか」

「2時間ほどで」

「それでは遅い。1時間後に行きます。では、よろしくお願いします」

清水社長と細野補佐官が執務室を出た。わずか15分ほどの会談だった。

✝東電本店に乗り込む

まだ暗く冷たい空気の中で、私たちは車に乗り込み無言で東電に向かった。15日午前5時半頃、菅総理をはじめ海江田大臣、細野補佐官、寺田補佐官と私は東京・内幸町の東電本店に到着した。

社内に入って目を見張ったのが、事故対策本部がある本店2階のオペレーションルームだった。そこには大勢の社員が詰めていた。「こんな大人数で大オペレーションをしていたのか」と驚いた。

真ん中には数個のモニターが設置され、現場とやりとりできるテレビ会議のシステムがあった。福島第一原発とつながっている画面もあった。

私は「こんな立派なシステムで、現地と直接連絡が取れているではないか。だったら早く教えてくれよ」と思った。私たちは現地の状況がなかなかつかめずに、フラストレーションを募らせていたのだ。総理の現地視察もその延長線上にあった。

一方で、私はそのときの対策本部における、あまりに緊張感の欠けた空気に唖然とした。「菅さんだ」とざわついて、総理を見に来たりのぞき込んだりする社員もいた。現地がまたいつ爆発するか分からない状況にあり、それを理由に現場からの「撤退」を申し入れてきた社内で、この空気のゆるさはなんだ、と思った。私は声を張り上げて呼びかけた。

「すみません、お邪魔します。緊急事態ですので、皆さん、どうか手を休めずに、自分の持ち場に戻って仕事を続けてください。作業を中断しないでください。よろしくお願いします」

オペレーションルームでは勝俣会長、清水社長が菅総理を迎えた。さまざまな意思決定をする際に、「これでいいですか」といちいち社員が承認を得ている。非常時の状況とは思えなかった。

†総理のメッセージ

「菅総理が来られました。一言あいさつをいただきます」と東電側の紹介で、総理がマイクを握った。

社員を前にした菅総理の言葉は大きな声で力がこもっていた。福山ノートは東電に持参する余裕がなかった。総理の言葉を秘書官がメモした要旨から、少し長くなるが引用する。

「今回のことの重大性は皆さんが一番分かっていると思う。政府と東電がリアルタイムで対策を打つ必要がある。私が本部長、海江田大臣と清水社長が副本部長ということになった。

これは2号機だけの話ではない。2号機を放棄すれば、1号機、3号機、4号機から6号機。さらには福島第二のサイト、これらはどうなってしまうのか。これらを放棄した場合、何カ月後かにはすべての原発、核廃棄物が崩壊して放射能を発することになる。チェルノブイリの2〜3倍のものが10基、20基と合わさる。日本の国が成立しなくなる。

何としても、命がけで、この状況を抑え込まない限りは、撤退して黙って見過ごすことはできない。そんなことをすれば外国が『自分たちがやる』と言い出しかねない。

皆さんは当事者です。命を賭けてください。逃げても逃げ切れない。情報伝達が遅いし、不正確だ。しかも間違っている。皆さん、萎縮しないでくれ。必要な情報を上げてくれ。目の前のこととともに、10時間先、1日先、1週間先を読み、行動することが大切だ。

金がいくらかかっても構わない。東電がやるしかない。日本がつぶれるかもしれないときに、撤退はあり得ない。会長、社長も覚悟を決めてくれ。60歳以上が現地に行けばいい。自分はその覚悟でやる。撤退はあり得ない。撤退したら、東電は必ずつぶれる」

†最悪の危機と「本部機能移転」

その後、私たちはオペレーションルームを出て社内の小会議室に誘導された。勝俣会長や清水社長はじめ東電社員が、福島第一原発の事故が今後どんなかたちで進展し得るかについて、シミュレーション図を示しながら説明した。

東電側から「こうした状況を踏まえると、避難の範囲は第一原発から半径20キロ内で収まると考えられます」と見通しが示された。

これに対して菅総理が「第一原発には1号機から3号機の原子炉があって、4号機に使用済み核燃料の貯蔵プールもある。本当にそれで大丈夫なんですか?」と尋ねると、清水社長は「そうすると、30キロ範囲くらいですかね」と訂正した。

東電にとって避難区域の想定は、机上の数字の問題としてしか捉えられていないようだった。私は驚くとともに怒りを覚えた。半径20キロ圏と30キロ圏ではどれだけ避難住民の数に差があるか、実際のオペレーションが異なるか、何よりも避難する住民がどれほどの困難と苦しみを強いられるかについては、到底考えが及んでいないようだった。

この小会議室もテレビ電話で第一原発の現地とつながっており、吉田所長とのやりとりを画面で見ることができた。

そのとき、突然、画面の向こうで大きな爆発音がした。「緊急退避させます」という吉田所長のアナウンスが流れた。「サプレッションチェンバー辺りの音だ」「その辺で爆発だ」との声がして、騒然たる状況をモニターが映し出した。さらに、今度は4号機から煙が上がっているのが見えた。事態は急を告げていた。

「サプレッションチェンバー」とは、原子炉格納容器の下部にぶら下がったドーナツ形の圧力抑制室のことだ。2号機は14日午後から急速に状態が悪化していた。原子炉圧力が上昇し、注水ができない状況に陥っていた。

私たちが東電本店にいた15日午前6時過ぎには、2号機の圧力抑制室が破損し、高濃度の放射性物質が外部に放出された。さらに同じ頃、4号機の建屋が爆発して壁が大きく崩れた。しばらくして火災が発生した。

実は、私たちが聞いた爆発音は4号機のものだった。1500本以上の燃料棒が保管された4号機の使用済み核燃料プールは、圧力容器などで遮蔽《しゃへい》されていない。

最悪の危機に瀕した東電は、「本部機能移転について」という文書を持ってきた。下村内閣審議官のノートにはこうある。

「6：53　「本部機能移転について」（東電側の紙）
「作業にあたる最低限の要員残して…」」

これは第一原発の作業に当たる本部機能を移すということである。作業はどうなるのかと私たちは驚き、注水作業を続けるように強く伝えた。その後、東電は現場で作業に当たっていた社員のうち、約70人を残し、あとの六百数十人を約12キロ南の福島第二原発に退避させた。

さらに、

「7：08頃　東電「かなりマズいので退避させたい」
菅「注水は絶対続けて」」

との下村氏のノートがある。このときの退避が何を意味していたのかは分からない。しかしその場にいた私たちには、わずか70名でどの程度の作業を東電が続けるのかに不安があった。そんな気持ちが総理の「注水は続けて」という念押しの言葉につながったように思う。

†30キロ圏屋内退避

一方、官邸は15日午前11時に半径20～30キロ圏内の屋内退避の指示を出した。この決定に際しては、官邸でも避難地域を20キロから30キロに広げて福島第一原発からなるべく遠方に逃げてもらうべきだという強い意見が出て、大議論になった。

すでに述べた通り、同心円が20キロから30キロに広がると、人口が一気に増える。原発から離れた住民が先に逃げて、近い住民が渋滞のため逃げ遅れる可能性がある。

屋外に出れば逆に外部被曝の恐れがあった。20〜30キロの距離ならば、屋内にいたほうが被曝量が少なくてすむ。さらに伊藤危機管理監は、30キロの避難になると、避難場所を確保することができないと話した。

原子力防災マニュアルに記された指針は、チェルノブイリ事故のように一過性の爆発を前提にしていた。しかし、当時の福島第一原発では1号機に次いで3号機が爆発し、さらに爆発が連鎖する可能性があるという状況だった。

私たちは常にふたつのリスクを抱えていた。ひとつは爆発のリスク。もうひとつは、飛んでくる放射性物質による被曝リスクだった。次の爆発が起こり、大量の放射性物質が飛散する状況になれば、屋内にいたほうが被曝量は少ない。

20〜30キロ圏内を自主避難プラス屋内退避にしたのは、「逃げられる人は車で逃げてください」というメッセージだった。妊婦、高齢者、患者については、自衛隊と警察の緊急車両が誘導する。それ以外は申し訳ないが自主避難をしてください、という思いだった。

このとき、私たちは屋内退避期間がひと月にも及ぶことを想定していなかった。屋内で待機を強いられた住民の皆さんは大変なストレスを受けたと思う。心からお詫びしたい。

あのとき、もし官邸のメンバーが東電の撤退を了承していたとしたら――。今考えても、空恐ろしくなる。

私は当時、官邸に寝泊まりしていた。もし首都直下の地震が連鎖して起こったとき、官邸に駆けつけることができない事態が予想されたからだった。あるいは余震で交通が再び麻痺することも考えられた。

私は最初の4日間は一睡もできず、他の官邸メンバーも同様だった。その後、毎晩、「あのとき、自分がとった行動は適切だったのか」「別の行動を取っていれば、回避できたこともあったのではないか」「もっといい解決策があったのではないか」と自問自答を繰り返し、なかなか寝付けなかった。

ただ、少なくとも官邸はチームとして機能していたと思う。その場その場で判断をする際に、私たちは役職に関係なく言いたいことを言い合った。異論も唱えたし、官僚の意見も取り入れた。官邸の対応は、その時その時、その瞬間、瞬間の判断の積み重ねによるものだった。

東電の申し入れた撤退が「一部退避」と「全面撤退」のいずれを意味したかが、のちに各事故調などで大きな論点となった。東電側は「現場に作業員を残して退避するという意味で、全面撤退など思ってもいなかった」と主張した。

私の記憶によれば、14日から15日にかけての撤退をめぐる議論の中で、伊藤危機管理監が東電幹部に「撤退というのはどういう意味だ」と尋ねたことがあった。

東電側は「作業を引き上げることです」「いずれ、ここはもう放棄しなければなりません」と明言した。ただ、15日未明の官邸における激しい撤退論議に東電幹部は同席していなかった。それ以外のどこの会話かは記憶していない。

朝日新聞特別報道部著『プロメテウスの罠』（学研パブリッシング）でも、その場面が再現されている。引用してみる。

伊藤「第一原発から退避するというが、そんなことをしたら1号機から4号機はどうなるのか」
東電「放棄せざるを得ません」
伊藤「5号機と6号機は？」
東電「同じです。いずれコントロールできなくなりますから」
伊藤「第二原発はどうか」

東電「そちらもいずれ撤退ということになります」

何よりも、2号機が制御不能になった14日夕から、清水社長が海江田大臣や官邸のメンバーの携帯に繰り返し電話をかけて撤退を申し入れていた事実は、東電でもこの撤退問題を極めて重大な案件として認識していたことを示している。

官邸の中で「撤退」を「全面撤退」以外の意味で受け止めた人間はいなかった。だからこそ、作業員の生命を守ることについてギリギリの議論を交わした。だからこそ、関係閣僚を召集して御前会議を開いた。

そして、総理は東電に乗り込んで「命を賭けてくれ」「覚悟を決めてくれ」と訴えて、民間会社の本社に政府との事故対策統合本部を設置するという前代未聞の措置に踏み切ったのだった。

プロローグにも書いた通り、東電社内の意向がどうあれ、私たちに伝わっているメッセージは明確な「全面撤退」であり、私たちにとってはそれのみが重要だった。なぜなら、私たちは自分たちが受け止めたファクトに基づいて意思決定をし、それが現実のオペレーションを左右するからだ。

それが、この撤退論の本質的な問題だと思う。

†総理の仕事

ところで、このときの官邸の深刻な危機感からすれば、東電本店での菅総理の言葉に対して一部東電社員が漏らしたという「やる気が失せた」といった反応は、ナイーブに過ぎると私は考える。

この菅総理の言葉を、のちに一部マスメディアは「怒鳴り散らした」「叱責した」「パフォーマンス」と表現するようになった。清水社長は2012年6月の国会事故調の参考人聴取で、これについて「死力を尽くしている現場の社員たちは打ちのめされたような印象だったと思う」と述べた。

文字通り危急存亡の事態に直面した最高指揮官の言葉だった。そのとき官邸が抱いていた「このまま原発の状態が悪化すれば、東日本全体がだめになるかもしれない」というせっぱ詰まった危機意識を当時の東電側が持っていなかったとしたら、それはそれで深刻な問題である。

もしそうした危機意識を持っていたうえで、「打ちのめされた」「やる気が失せた」とするならば、大変失礼ながらそれは幼稚なメンタリティーだと思う。

政治家にしても、官僚組織にしても、東京電力にしても、当時なすべきは、日本が直面している国家の危機を回避するという一点だった。

民間事故調は「結果的に、この撤退拒否が東京電力により強い覚悟を迫り、今回の危機対応におけるひとつのターニングポイントである、東京電力本店での対策統合本部設立の契機となった」と位置づけた。

のちに枝野官房長官は、菅総理の東電乗り込みについて「菅内閣への評価はいろいろあり得るが、あの瞬間はあの人が総理でよかった」と評価した。

また、撤退拒否の場面で官邸で時間をともにした藤井官房副長官が、高齢を理由に副長官を辞任したのち、4月19日に私の執務室に立ち寄った際、私はこのように声をかけてもらった。

「福山君、菅はいろいろ言われているけど、東電の撤退を止めただけで日本の戦後の歴代総理の中では間違いなく真ん中より上にいくぞ。あの撤退を止めたことだけでも菅直人は総理として仕事をした。僕はそう思っているよ。まだまだ原発事故、厳しいけど、福山君、がんばれよな」

私はその言葉にうなずいた。

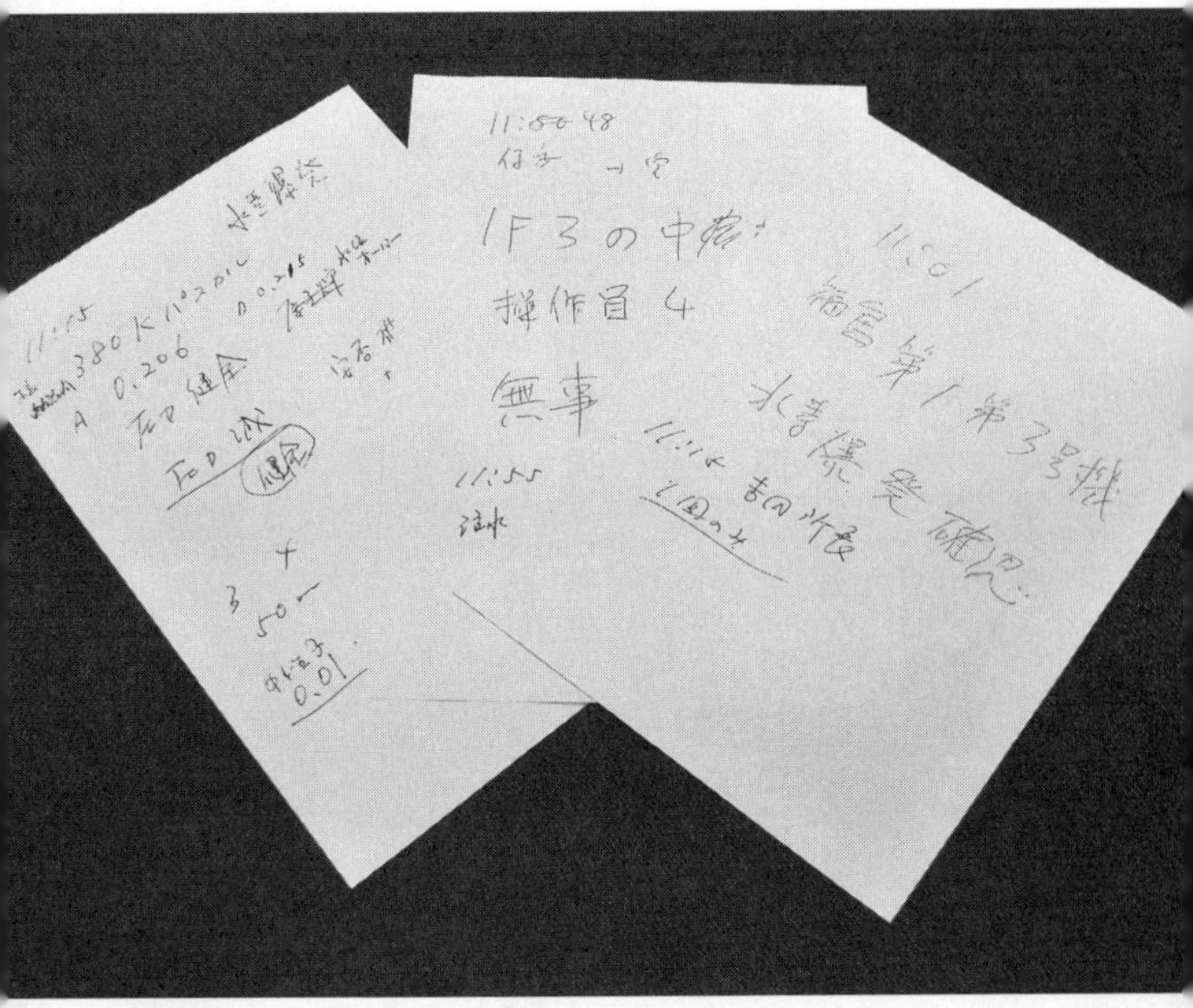

第２章

闘いの舞台裏

3月14日、枝野長官会見中に持ち込まれた水素爆発を知らせるメモ

1　日米協議

†危機は続く

東電撤退をめぐる緊迫した攻防が続いていた15日午前、2号機の圧力抑制室で大きな衝撃音が発生し、4号機で火災が発生していた。4号機では翌16日午前にも火災が確認された。

16日、水素爆発を起こした3号機では、格納容器に重大な損傷が生じている可能性は低いとして、注水作業が再開された。17日以降は自衛隊や米軍、警察、消防によるヘリや放水車、消防車を駆使した放水作業など、原発の暴走を抑え込むさまざまなオペレーションが展開される。

25日には1〜3号機への注水が、海水から淡水へと切り替えられた。これはアメリカ側が高く評価したように、一定の成果だった。

だが、15日の東電撤退阻止以降、官邸は対外関係や避難措置をめぐる問題に忙殺されることになる。

官邸の対応は、メディアからさまざまに批判されたが、中には事実とは異なる報道や指摘もあった。その中から「日米協議」「SPEEDI《スピーディ》」「計画的避難区域」の3点に絞って、危機と向き合った官邸の舞台裏を記す。

†アメリカの支援を拒否？

東日本大震災発生当初から、海外からは積極的な支援があった。中でも緊密な連携を取り合ったのはアメリカだった。

環太平洋合同演習（リムパック）などで共同訓練を重ねてきた防衛省と在日米軍、さらには外務省と米国務省などとの情報共有は、地震発生の直後から始まった。米軍の支援活動は「トモダチ作戦」として知られ、米海軍と日本の海上自衛隊が主導した。

一方、原発事故をめぐっては、当初「米国が日本に不信感を表明」「情報開示不足を批判」などとマスメディアで報じられ、日米連携のぎくしゃくぶりが強調された。

しかし、官邸から見た眺めは、それとはかなり異なる。

官邸における日米協力は3月12日午前0時15分からの菅総理とオバマ大統領との電話会談で始まった。

「大変な時間を過ごしていると思う。とにかくあらゆる支援に協力する。数日内にあらためて話し合いたい」というオバマ大統領からのねぎらいの言葉に、菅総理は「心に染み入る。津波被害、原発事故はまだまだ予断を許さない。応援を願いたい」と返した。

米国防総省からは早々に、「空母ロナルド・レーガンを宮城県沖に派遣した」という連絡が官邸にあり、13日昼過ぎには、米国援助庁のレスキューチーム144人が青森県の三沢基地に到着した。空母はじめ艦船7隻とヘリの飛行隊が支援を開始して、非常食3万食のほか、水、衣服、医薬品などが提供された。こうした生活支援においてアメリカの態勢は、初動から非常に迅速だった。

それだけに、12日朝、テレビのニュースで「日本政府が米国からの原子炉冷却材の提供を断った」との報道が流れたときは耳を疑った。全国紙でも「政府、米の支援断る」と同様の内容が報じられた。なぜこんな報道が流れるのか見当が付かなかった。

まず、この冷却剤は何を意味するかが不明だった。通常、原子炉の冷却剤には軽水(普通の水)が使われる。アメリカからは今回、無人ヘリを含む質量ともに大規模な物資の提供があったが、その中にも原子炉の「冷却剤」なるものは、もちろんなかった。

クリントン米国務長官が「原子力発電所に非常に重要な冷却剤を輸送した」と発言したとの海外メディアの報道がソースかもしれないが、この発言についてはのちに国務省自体が否定している。

枝野官房長官は18日の会見で「アメリカの技術支援を日本が断った」という報道に対して、「政府としてそうした事実はまったく認識していない。むしろ米国政府からの申し出に対して最大限のご協力をいただきたいということで、こちら側から必要ないというようなことを官邸として申し上げたことはない」と完全に否定した。

事の経緯はさだかではないが、少なくともこの件に関して官邸がまったく関知しないことだけは事実である。

しかし、これ以降、「日本政府はアメリカ側の支援の申し出を断った」との見方が定着し、原発事故対応をめぐる日米関係の不協和が印象づけられた。

疑心暗鬼

この冷却剤報道と同時に、原発事故をめぐって日米間の情報共有が当初うまくできていなかったことも災いした。

13日夜、河相周夫《かわいちかお》官房副長官補と外務省、保安院が、事故の概況について米エネルギー省（DOE）と米原子力規制委員会の専門家に説明した。これが日米の情報交換の出発点だった。

翌14日夜には、私の副長官執務室で、原子力安全委員会の班目委員長と保安院の根井寿《ひさ》規《のり》審議官が、アメリカの専門家に1号機から4号機の状況について伝えた。さらに翌15日午前中には安井部長も参加して三たび説明を重ねた。私も同席している。

つまり、当時の原子炉の状況について最も理解している日本の専門家の3人が、2回にわたってアメリカの専門家に説明をしたわけである。私はその場で米原子力規制委員会の専門家に伝えた。

「日本政府としては、オペレーションに当たっている専門家が事故の現状について分かっていることをすべて説明しました。これは総理や私になされる説明と同じです。こちら側に情報を隠すつもりはまったくありません」

これに対して彼らは「まず情報を持ち帰って、私たちなりに状況を分析したい」という答えに終始した。

これまで述べてきたように、私たちも当時、原子炉で何が起こっているかを正確に把握できていなかった。この時点で東電はメルトダウンを認めていない。東電本店に政府との事故対策統合本部を設置したのは15日である。やっと現地の情報が官邸に直接届くようになったばかりだった。

しかし、アメリカ側は「日本側の説明は不十分だ。実態をそのまま説明していないのではないか」との疑念を抱いていたのではないだろうか。

すでに1号機、3号機は水素爆発を起こし、アメリカ側は「炉心はメルトダウンを起こしている」という認識だった。そして、その認識は正しかったことがのちに判明する。

日本が「まだメルトダウンしていない」と話していることに対し、「情報隠蔽」の疑念がアメリカ側に生じたことは想像に難くない。原発の状況把握の不正確さが、アメリカ側の疑心暗鬼を招いたわけだ。

†米国専門家の官邸派遣

これと並行するように14日から15日にかけて、ジョン・ルース駐日大使から電話で枝野官房長官に「アメリカの知見を提供し、日本の努力を最大限支援するため、アメリカの原子力の専門家を官邸の意思決定の近くに置いてほしい」との申し出があった。

ちょうど原発の状況が急速に悪化しているさなかだった。その実態と見通しがつかめないことにアメリカ側は、私たち同様いらだちを募らせていた。

米国務省の元東アジア・太平洋局日本部部長、ケビン・メア氏は著書『決断できない日本』(文春新書)で、当時のアメリカ当局の様子をこう記している。

「(1号機水素爆発、3号機水素爆発、2号機の爆発音、4号機の火災発生で)ワシントンも一種の恐慌状態に陥っていました。情報不足へのフラストレーションは頂点に達しつつありました」

ルース大使からの要請に対して、枝野官房長官は「意思決定の近くに外国の専門家を置くことは、なかなか容易ではないが検討したい」と即答を避けた。それによりアメリカ側はさらなる不安と不信感を覚えたのかもしれない。

15日午前、総理、枝野官房長官、私はアメリカ人専門家の官邸への派遣について話し合い、「意思決定の近くにアメリカ側の専門家を置くことはできないが、官邸連絡室で日本側関係者と随時情報交換するのはかまわないだろう」との結論に至った。

官邸連絡室とは、保安院や資源エネルギー庁、東電がそれぞれの情報を共有するために官邸内に急遽《きゅうきょ》設置した部屋だった。アメリカの専門家は16日午後からその連絡室を随時訪れ、官邸と情報を共有するようになった。

この頃から両国の意思疎通が図られるようになり、結果的に各省庁からのさまざまな要請がアメリカ大使館にも持ち込まれるようになった。

この間、枝野官房長官、松本剛明外務大臣や私はカート・キャンベル国務次官補やルース大使らと、継続的に電話で連絡を取り合い、情報の共有に努めた。

アメリカの日本政府に対する不信や不満ばかりが喧伝《けんでん》されたが、実際は連日、電話会談を重ねることで連携は強まり、不信感は徐々に払拭《ふっしょく》されていった。

†80キロ圏内からの退避勧告

アメリカ側の評価が目に見えて変わったのは、17日午前中に陸上自衛隊の大型輸送ヘリが、3号機の使用済み核燃料プールに30トンの海水を投下するオペレーションを決行してからだった。

さきの10万人の自衛官派遣、海水投下の決定は、北澤俊美防衛大臣の決断によるところが大きかった。北澤大臣と菅総理との信頼関係は強かった。

海水投下の直後に行われた菅総理とオバマ大統領の2度目の電話会談で、大統領からは作業に当たっている現場の人たちに対する賞賛の言葉があった。同時に、東京エリアに居住するアメリカ人に対して避難勧告を出したい旨の申し出があった。

これについて、メア氏の前掲書によると、アメリカは16日未明（ワシントン時間）に関係省庁担当者60人が参加した電話会議で、福島原発の炎上爆発によって日本列島のみならず、東アジア・太平洋の広範囲に深刻な汚染が及ぶ悪夢のシナリオを想定していたことが分かる。あるアメリカ政府高官は「東京在住の米国民9万人全員を避難させるべきだ」とさえ提案したという。

アメリカ政府は17日、日本に滞在するアメリカ国民の出国を支援するとともに、福島原発の半径80キロ圏内から退避するよう勧告した。主権国家が自国民の生命と安全を最優先するのは当然のことだ。私たちとしては、アメリカの勧告をただ受け止めるしかない。

当時、日本政府は半径20キロ圏内の避難、20〜30キロ圏内は屋内退避を指示していた。日米の避難範囲の食い違いが福島の住民のさらなる不安を招いたことは間違いない。

ただ、日本在住の米国人と、日本の住民の避難では、そもそもその規模も意味もまったく異なる。地域一帯の住民の場合は、子どもからお年寄り、病人を含む多数の住民の移動手段や避難所も確保しなければならない。

この問題に対して、米原子力規制委員会は18日の会見で「日本の避難範囲はとりあえず正当というのが私たち全員の見解だ」とする認識を示している。

†縦割り行政の弊害

日米協議はその後、事務方を中心に進んでいった。そこで表面化したのが、日本の縦割り行政の弊害だった。

たとえば、防衛省と在日米軍の間でオペレーションが進む一方、あちこちの省庁がアメリカ大使館に必要な資材について支援を要請した。大使館側は、各資材の要請がどういうルートで来ているか分からず、混乱したようだ。

これでは、それぞれの情報が共有されず、効率よく対応できないと、ルース大使をはじめ省庁からも改善を求める声が上がった。その調整に向けて細野補佐官と長島昭久衆議院議員（民主党）らが加わり、日米間で総合的な協議体をつくることになった。

確認のためルース大使が19日の夕方、官邸を訪れ、総理に前向きな提言をした。

「いつでも具体的に米国からの支援を求めてほしい。形式的ではなく、情報を共有したい。とにかく官僚主義的に対応して物資や情報が届かないという事態だけは避けたい」

こうして22日に発足したのが、日米連絡調整会議だった。場所は官邸横の内閣府別館。それまでのように各省庁がそれぞれアメリカと個別に交渉するのではなく、全体が1カ所に集まって、日常的、継続的に情報を交換し、議論する場である。

アメリカ側からは、原子力規制委員会（NRC）のチャールズ・カストー氏をリーダーに、エネルギー省、在日米軍、在京大使館のメンバーが加わった。日本側は私が座長となり、東電に常駐して原発の現状を把握している細野補佐官が中心となった。事務局は伊藤危機管理監に任せた。

この日米協議のスタートは朗報だと考えて、記者のぶら下がり会見の場で発表した。マスメディアの扱いは小さかったが、この会議は以後の事故収拾に向けたオペレーションに大きな役割を果たすことになった。

†日米連絡調整会議

日米連絡調整会議は、アメリカの知見や技術的支援を生かして原発事故の収拾を話し合う基幹的な舞台となった。原子炉への注水や災害用ロボット、水を運ぶバージ(はしけ)船の搬入などは、すべてここで取り上げられたプロジェクトだ。

当初の会合は、日本側は防衛省と外務省と経産省、保安院だけだった。しかし、厚労省や文科省を含めて、アメリカ側にさまざまなオーダーが殺到したため、官邸、原子力安全委、東電も含めて原発事故に関わるすべての省庁が集まるようにした。

協議の原則は大きく3つだった。

第一は、1~4号機の状況に対する互いの知見をぶつけ合う。

第二は、最悪の事態を回避するために、どういう方法が取れるかを意見交換する。

第三は、有効な機材、装備などについて日本側から要請項目を挙げ、アメリカ側はそれぞれについて検討して答える。

当初の協議は、両国の間で原子炉の認識に大きな隔たりがあったため、それをすり合わせる作業から始まった。アメリカ側からは、原子炉で核分裂を抑制するホウ酸や炉内の冷却法について意見が投げかけられた。私はノートにこう書き記している。
「分析の相違点
塩分　急いでやるべき　意見の一致
淡水冷却をすすめたい
機材はどうあれ「淡水」
ポンプの電源系統
米軍
海水—淡水　NRCだけでなく日本も賛成なら
緊急性　ダム
タンカー　岸　横須賀
100万ガロン　4000t
2号炉
使用済み核燃料〈静か〉
格納機能　損傷したのではないか？
ミティゲーション・ストラテジー」
分析の相違点として、まず海水を入れているのに対して、アメリカは急いで淡水による冷却を進めるべきだと強く主張した。日本も賛成なら淡水への切り替えをすべきだ。ダムや岸からタンカーで運ぶこともできる。横須賀から100万ガロン、約4000トンの淡水を供給できる、という。

また、水素爆発を起こしていない2号機については、使用済み核燃料は静かな状態を保っている。しかし、格納機能は損傷したのではないかとして、減災戦略（ミティゲーション・ストラテジー）を視野に対処すべきだと提起してきた。

具体的な事故状況の把握法についても論じた。原子炉の温度、使用済み燃料プールの水位と水温、原子炉周辺の空中の放射能ガンマ線の拡散状況、水素爆発した建屋の現状。それぞれに技術的な意見交換をした。

一方、日本はアメリカにどんなものを要請していたか。

3月27日の項目一覧を見ると、航空機サーベイ、地上におけるモニタリング、シミュレーション、半導体検出器の借り入れ、無人ロボット・瓦礫除去用ロボットの提供、高性能ポンプの提供、防護服の提供……。

オペレーションに要するものを技術的に確認して、具体的に要請を繰り返した。協議は連日続いた。アメリカ側は東電本店にも乗り込んで、オペレーションを進めていった。

†省庁内での情報共有

日米会議は双方の見解を一致させるための会議ではなかった。互いの認識を共有したうえで、そこに違いが存在することが問題なのではなくて、なぜそういう違いが出ているのかを確認しながら、次のオペレーションについて話し合うのが目的だった。

アメリカから提供されたバージ船に原発の汚染水を貯めるプロジェクトでは、自衛隊とアメリカのチームの連携がうまく機能した。

アメリカ側は当初から原子炉への注水を、海水から淡水に切り替えるよう求めていた。それが成功したときはカストー氏が「淡水にチェンジできて大変よかった。コングラチュレーション、よくやってくれた」と繰り返し評価していたのが印象的だった。彼の笑顔は緊迫した内容の会議をいつも柔らかいものにしてくれた。

原発事故に対する当初の認識のズレは徐々に埋まっていった。この原子炉をいかにして抑えるか、両国で真剣な議論を重ね、オペレーションに移した。

会議の方針として、懸案を持ち帰らずに、その場で意思決定する原則を打ち出した。そして、出席者はそれぞれその権限を有することとする。スピーディーな意思決定と実行には不可欠の方針だった。

日本の省庁同士で確認したことがある。それは、この日米協議の場に提供するもの以外の情報を各省庁が独自に持っていたり、この会議の場に出さなかったりすることは許されないということだった。すなわち情報の徹底的開示と共有だ。

こうした方針をもとに、日本側からの要請リストを作成し、それにアメリカが答える。そうしたキャッチボールを何度も重ねた。

日米協議は、原子炉の状況が安定化するまで2カ月、毎日開いた。注水作業が安定し、原子炉の状況が一定のコントロール下にほぼ入り、方向性が見えるようになった段階で、頻度を2日に1回に減らした。

この日米協議の成果は、アメリカとの情報共有だけではなかった。皮肉にも、日本の省庁間において情報の共有ができたことだった。この会議の開催から、各省庁からバラバラに情報が上がってくることはなくなった。日本の行政の悪弊たる縦割り意識がなくなり、組織を横断して情報が流通し始めた。

アメリカに対しては、在日米国人の避難範囲が日本よりも広かったことばかりがクローズアップされた。しかし、ルース大使、カストー氏ら日米協議のメンバーは事故直後から半年以上、本国に帰らず、震災をめぐる各オペレーションを指揮してくれた。これについては深く感謝しなければならない。日米同盟は決して軍事的なものだけではないことを確認し合った連携でもあった。

一方で、他の諸外国からの支援も大きかった。

震災から約1年が経過した2012年2月現在で、計163の国・地域及び計43の機関から支援の表明がなされ、寄付金だけでも総額175億円以上にのぼった。支援物資はさらに膨大な量にのぼる。

震災直後には、フランスのサルコジ大統領が来日した。被災地である宮城県に最初に訪問したのは、オーストラリアのギラード首相だった。5月には日中韓サミットで来日した中国の温家宝首相、韓国の李《イ》明博《ミョンバク》大統領は、菅総理と一緒に福島の避難所を視察し、福島の野菜をカメラの前でほおばってくれた。

各国の指導者の温かい支援と配慮なしに、復興は進まなかった。日本の外務省も立ち直りつつある日本をなんとか世界に伝えたいと力を尽くした。多くの国々に心からの感謝を伝えたい。

放射線医療の日米協議

日米協議のさなかに、アメリカから放射線医療の専門家を来日させるという情報がアメリカ側からもたらされた。3月26日、放射線医療に関する日米協議のタスクフォースを立ち上げた。

タスクフォースで具体的に検討したのは、環境モニタリングによる線量マップの作成、被曝による甲状腺障害予防のためのヨウ化カリウムの服用などだ。それぞれについて助言を受けながら意見交換し、原発のオペレーションにすぐに生かせるよう報告書をまとめた。

まさにこの3月下旬から4月上旬にかけて、政府は計画的避難区域の設定の準備をしていた。日本の専門家の間では、被曝線量の限度をどこに設定するかは、かなり意見が割れている。来日した放射線医療の専門家の間では意見のブレは比較的少なく、それが避難区域設定の重要な指標となった。

ただ、放射線医療の議論には不確実なことが多い。やはりアメリカの専門家でもはっきりしたことは言えないこともある。その中で進むべき方向性を指し示してもらったことはやはり有り難かった。

2　SPEEDI

†モニタリング不能

原発事故が発生したとき、放射能がどのように広がるかは、住民の生命を左右する重要な情報である。その拡散状況を予測するために開発されたのが、SPEEDI《スピーディ》（緊急時迅速放射能影響予測ネットワークシステム）だった。

SPEEDIは原発から放射性物質が放出されたり、放出の恐れが生じたりした場合、周辺の放射性物質の濃度分布を予測して地図上に表すシステムだ。文部科学省の委託で原子力安全技術センターが運用し、原子力安全委員会の指針で緊急時の避難などを判断する際に活用されることになっていた。

しかし、SPEEDIのデータが初めて公表されたのは事故発生から12日が経過した3月23日だった。「データがもっと早く公開されていれば避けることができた被曝があったのではないか」「情報を意図的に隠蔽していたのではないか」と政府は厳しい批判にさらされた。

放射性物質の拡散を予測するＳＰＥＥＤＩに対して、拡散状況を把握するために欠かせないのが環境モニタリングだった。福島第一原発の敷地内には東電のモニタリングポスト（空間放射線量の自動観測局）が８カ所設置されていた。

しかし、停電によってデータ送信が途絶した。福島県原子力災害対策センターのモニタリングポストもほとんど機能していなかった。

停電によってモニタリングポストも同時に動かなくなってしまうということ自体が、これまでの原子力防災体制が自然災害との複合災害をまったく想定していなかったことを顕著に示している。

発災翌日には、文科省が回したモニタリングカーによって放射線の数値が入ってきた。また、経産省も独自にモニタリングをしていた。一方で、福島県のモニタリング情報は官邸に上がってきていなかった。

結局、モニタリングの主体が東電なのか、文科省なのか、自治体なのか、経産省なのか、よく分からない。さらに、それぞれのモニタリングのデータ形式がバラバラで、やっと集まってきたデータを有機的につなげて予測に生かすこともできなかった。ここでも縦割り行政の弊害が象徴的に表れた。

3月16日午前、事態を問題視した枝野官房長官は、鈴木寛文科副大臣、伊藤危機管理監に対して、モニタリングデータのとりまとめと公表は文科省、評価は原子力安全委員会、評価に基づく対応は原子力災害対策本部と役割分担を指示した。

これを受けて文科省は、これも後になって明らかになったのだが、「SPEEDIの評価は、モニタリングデータの評価に当たる原子力安全委員会が運用、公表に当たるべきだ」と安全委に任せたという。この時点で枝野官房長官も私もSPEEDIの存在すら知らなかった。

本来、文科省が管轄すべきSPEEDIを安全委員会にゆだねたことから、そのデータの活用は組織と組織の間の隙間に落ちてしまった。

†伝えられないデータ

事故発生当初、SPEEDIの予測データは、残念ながら官邸にまったく上がってきていなかった。恥ずかしながら、そもそも私はSPEEDIの存在すらまったく知らずにいた。

私自身が明確にSPEEDIの存在を明確に意識したのは、16日から18日にかけてだったと記憶している。メディアの報道と、小佐古《こさこ》敏荘《としそう》東大大学院教授による指摘によってだった。

小佐古氏は、菅総理が外部から登用した内閣官房参与のひとりで、細野補佐官のもとにあった「助言チーム」に属していた。

彼は参与就任直後の17日にSPEEDIの存在を指摘して、最も早くから「SPEEDIを動かせ」と主張していた。私は「SPEEDIとは何だろう？」と思いつつ対応していたというのが実情だった。

その指摘を受けて、私は班目委員長を副長官室に呼んで聞いた。「SPEEDIというシステムがあるらしいが、動かしているのならデータを持ってきてほしい」

班目委員長は「SPEEDIは動かせていない。私には報告が上がっていない」と否定した。原子力安全委員会そのものが機能していなかった。

私は枝野官房長官とともに18日前後に、所管の文科省や原子力安全委員会、保安院を呼んで実態を尋ねた。すると「放出源情報がないので動かしていません」と言う。

放出源情報はこの場合、原発から出る放射性物質の放出時間や核種名、放出高度などの情報で、東電から送られることになっている。しかし、この時点で原子炉が不安定な状況にあり、かつ停電のため、正確な放出源情報が得られていなかった。

「空間モニタリングの数字があるだろうから、そこから逆算して放出源情報を割り出し、

ＳＰＥＥＤＩは動かせないのか」と提案した。

3月23日になってようやく、放射性ヨウ素の濃度データがダストサンプリングによって地上3カ所で取れたとして、逆算した試算結果を原子力安全委員会が官邸に持ってきた。ダストサンプリングとは、空気中の放射性物質の核種や濃度を調べるものである。

3月下旬、連日にわたり計画的避難区域の設定について原子力被災者生活支援チームで議論が重ねられたが、そのときもなかなか担当部署からＳＰＥＥＤＩのデータが出てこないことに対して、細野補佐官が「持っている情報をすべて出せ」と激怒したこともあった。

実際は、事故発生当日から原子力安全技術センターのオペレーターはＳＰＥＥＤＩの予測計算をしていたが、「仮定の条件を入力しているため、信頼性が低く、現実的には使えない」と官邸メンバーに情報を上げることはなかったという。

†バラバラな見解

原子力安全委員会が初めてＳＰＥＥＤＩの試算結果を出してきた3月23日のことだった。総理執務室に、班目委員長と久住《くすみ》静代委員が血相を変えて駆け込んできた。そこには菅総理、小佐古参与、そして私がいた。

原子力安全委員会のふたりは「試算で年間１００ミリシーベルトにも達する地域が出た。

早急に避難させたほうがいい」と言い出した。そこは当時、屋内退避を指示している地域だった。「これは何カ所のモニタリングの結果ですか?」と聞くと3カ所。それも初めて出た試算結果だった。

同席した小佐古参与は「たった3カ所のダストサンプリングで合理的な説明ができるのか」とただした。「プルーム(放射性雲)がすでに飛んでいっているとすれば、外に出るほうが、より外部被曝するのではないか」

プルームは気体状の放射性物質が大気とともに煙突からの煙のように流れる状態を指す。久住委員が「ヨウ素剤を飲ませて子どもは退避させたほうがいい」と言うと、小佐古参与が「プルームが飛んでいるのは、14日から15日だ。いまさらヨウ素剤を飲ませても意味がない。これだから素人は困る」と突っぱねた。

線量の高い屋外に出してでも避難させたほうがいいのか、屋内にとどまってもらったほうがいいのか、3人の専門家の間で見解がまとまらない。3人の感情的な言い合いを黙って聞いていた菅総理は、

「もういい。専門家は専門家同士でやってください。福山君、専門家同士の考えをまとめて」と言い置いて、その場を切り上げた。

その日の夕方と翌日の2回、専門家を集めた会合を文科省と保安院も含めて開催した。

専門家の意見は、やはりバラバラだった。見解が分かれている状況で、軽々に避難措置を決めることはできない。結果的には外部被曝を回避することを優先し、屋内退避を維持することになった。科学上の合意形成の難しさを実感した。

それにしても、なぜSPEEDIの情報が官邸まで上がらなかったのか。

政府事故調の中間報告は「原子力災害対策本部も保安院も文科省もSPEEDI情報を広報するという発想を有していなかった」、民間事故調は「保安院の担当者が利用に値する試算ではないと考えた」「組織間の情報共有や役割分担がなされていなかった」などとしている。

SPEEDIは文科省が所管、原子力安全委員会と保安院の緊急時対応センター（ERC）が評価することになっていた。しかし当時、官邸の中でERCの存在感はまったくなかった。それどころか、東電の撤退問題が生じるまで、保安院が属する経産省の幹部は官邸に姿すら見せなかった。

とはいえ、官邸がSPEEDIの存在について、当初まったく知らず、初動段階で情報を得ることができなかったことの責任は重い。

情報共有を図れない体制の問題、科学者の合意形成の難しさについては、第3章であらためて考える。

†不可避だった同心円状避難

ＳＰＥＥＤＩが出した当初の予測結果では、第一原発から北西方向に帯状に放射能の高濃度地域が伸びていた。これはのちの実測値とある程度一致している。

当時の同心円状の避難措置が適切かどうかは、マスメディアでも論じられた。批判を承知のうえで、あえて問題提起したい。

もし事故発生直後の11日、12日、官邸がＳＰＥＥＤＩの存在を知り予測データを入手できていたら、それを半径10キロ、20キロ範囲の住民避難の指示に活用できただろうか。私はそれについては懐疑的だ。あくまでもＳＰＥＥＤＩは予測ソフトなのである。

当時、住民はふたつのリスクに向き合っていると私たちは考えていた。原発の爆発とメルトダウンのリスク、そしてベント実施と水素爆発で飛散した放射性物質のリスクだ。さらに悪いことに、原発から半径30キロ圏内も、通信と電気が途絶えていた。

そんな状況下において、ＳＰＥＥＤＩが出した予測結果に従って、たとえば「南相馬《みなみそうま》のこちらから西側は、放射能濃度が濃くなる可能性があるので逃げてください」「田村郡は大丈夫ですから、葛尾《かつらお》と浪江だけ避難してください」という細やかなオペレーションが実際に可能だったとは考えにくい。

現実的にＳＰＥＥＤＩは、放射性物質が流れる方向性についてはある程度正しい結果を出すが、飛散量についてはかなりのばらつきがある。当時、ベント実施によって放出される放射性物質の濃度や量に関する放出源情報はまったく得られていなかった。

仮定の数字をもとにコンピュータがはじき出した予測データを根拠として、地域ごとに「自宅や田畑を捨てて避難してください」と出す避難指示が正当性を得られたとは到底思えない。

何度も書くが、最優先すべきは危険が及ぶ住民を「より早く、より広く」避難させることだ。それを考えると、11日、12日時点においては同心円状の避難しかあり得ない。

机上の理論では、ＳＰＥＥＤＩの予測値に基づいて特定地域に限定的な避難を指示することは可能かもしれない。しかし、当時の状況では、そんな細かな伝達手段はなく、避難指示が出ていない地域ほど「隣の町は逃げているのに、自分たちはここにいていいのか?」と大変な混乱を起こしたはずだ。

ベントのリスクだけがあったのなら、地域ごとの避難指示も可能だったかもしれない。しかし、突然の爆発のリスクも同時に抱えていた。爆発すれば安全な場所などない。この認識は今も変わっていない。

†風向きの重要性

ＳＰＥＥＤＩが出した当初の予測結果は、実際の放出源情報に基づくものではなく、気象条件や地形データをもとに拡散方向や相対的な分布量を予測しただけのものだった。「しかし、推測に基づく予測結果でも、避難の方向を指示、誘導するうえで何らかの役に立ったのではないか」という指摘があった。それは考えられたかもしれない。

風向きについての意識は当初から私にもあった。放射性物質の拡散における風向きの重要性については班目委員長や保安院から指摘があり、ベントの際にも常に風向きの議論をしていた。

仮にＳＰＥＥＤＩの存在を私たちが認知していたら、多くの放射性物質が空気中に放出された初期の段階で、当時の風向きと予測結果を照らし合わせて、住民避難の誘導に役立てることができた可能性はある。

同心円状の避難を前提としながら、「なるべくこの方向を避けて避難をしてください」という注意喚起は可能だったかもしれない。ただ、それも過度に期待すると、ミスリードにつながる危険性があった。

一方で、30キロ圏外の避難のあり方についての準備を始めていたが、比較的線量が高くなったいわき市、川俣町《かわまたまち》、飯舘村《いいたてむら》については住民の不安が広がっていることをふまえ、0～15歳の約1000人に3月下旬に、放射線医学総合研究所による甲状腺被曝簡易測定調査を緊急に実施した。検査結果は、測定した全員において、原子力安全委がその数値以下なら問題ないレベルとした基準値を下回っていた。

それでもなお、住民の当時の不安と混乱は大変なものだったと思う。避難をお願いしたひとりとして心からお詫び申し上げたい。

†放射線医学の専門家グループ

SPEEDIのデータが生かされないまま、2011年3月下旬、放射線量を念頭に置いた住民の避難区域の設定という新たなオペレーションに取り組む準備が始まった。設定区域や許容放射線量の限度をひとりやふたりの専門家の意見だけで決めるのは、事故当初からの専門家の対応を見てリスクが高い、と私は思った。

放射線医学についてバランスがとれた知見を有し、なおかつ合理的な判断ができる専門家に定期的に意見を聞くような仕組みを官邸内につくれないか。放射線医療に関する日米協議のタスクフォースの経験を生かして、枝野官房長官に相談した。

「私たちに学術的な立場から助言してもらえるアドバイスグループとして、官邸内に専門家グループを置いたらどうでしょう。もちろん原子力安全委員会の助言は受けるにしても、複数の人たちのアドバイスをセカンドオピニオンとして参考にしながら、合意形成を図っていけないでしょうか」

ふたつ返事でOKだった。枝野官房長官の賛同を得て、さまざまなツテをたどって人材を集めた。原子力ムラにつながる経産省や保安院ではなく文科省や厚労省などの意見を参考にしながら、人選を相談し、打診していった。

4月1日、官邸内に放射線医学の専門家チームが発足した。外部から被災者の被曝や健康管理について官邸に助言する「原子力災害専門家グループ」だ。構成メンバーは、原子力安全委員会や原子力委員会など、原子力ムラ出身の政府機関の委員とは異なるとともに、菅総理が個人的人脈で登用した内閣官房参与のグループとも違う。

この原子力災害専門家グループは以後、官邸の意思決定の大きな支えとなったが、残念ながら彼らの存在はほとんど報道されることはなかった。

自薦他薦を含めて、8人が決まった。それぞれバランスのとれた専門家だと思うが、原理的な原発反対派から見れば、この専門家も〝御用学者〟ということになるのかもしれない。そうした批判をなるべく避けるためにも、東大以外にも長崎大、広島大、福島医大と、地域、学閥にとらわれず人選した。

官邸のそばにある内閣府に専用の部屋を設け、常駐の官僚スタッフを事務方として置いた。メンバーには毎日3人ほど交代で常駐してもらい、避難区域と線量の関係、健康管理などその時々の課題、疑問、メディアの指摘などについて意見を聞いた。

その際、個別の意見をバラバラに並べるのではなく、なるべくメンバーがほぼ合意できるようなかたちにまとめてアドバイスしてもらうようお願いした。つまり合議のうえ意見を集約し、いわばメンバー間で最大限合意された見解を示してもらうようにしたのだ。

†セカンドオピニオン

原子力災害専門家グループの正式発足は4月1日だったが、その前から実質的にはスタートしていた。たとえば3月25日、官邸から以下のような質問をしている。

「放射線の健康への影響について、国民に正しく理解してもらうにはどうしたらよいのかという問題意識から、以下について照会したい。放射線量などの関係のある数字、指標についての国民への伝え方をどうすればよいか」

「野菜、水などについての現在の暫定基準値は国際的にみてどのように位置づけられるか。厳しいと言えるのか」

「風向きや雨と放射線量の変化の連関性はどうか」

内閣府の部屋に赴いて、常駐の専門家に「先生、どう考えればいいでしょう?」と相談を持ちかけると、事務方がその質問をメールでメンバーに送り、常駐の専門家がそれを1日か2日で回答にまとめる。そんなやりとりを繰り返した。

もちろん、それぞれ意見の違いもあったが、全体として合意できる部分と、意見が異なる部分とに整理してもらった。連名で答えたり、個別に答えたりしたこともあった。

福島の情報を確認しながら計画的避難区域を決める際も、私たちはこのグループの意見をセカンドオピニオンとして頼りにした。原子力安全委員会への諮問にも助言をもらい、実際のオペレーションでの意思決定に役立てた。

メンバーの専門家には、総理官邸サイトにコラムも執筆してもらった。専門家の間の合意を国民にもできるだけ伝えてもらいたかったからだ。

背景には、残念ながら官邸から発信される情報が国民に信頼してもらえない、何を発しても国民の耳に届かない、という現状への苦い思いがあった。そういうジレンマを感じていたのもこの頃だった。

コラムのテーマは「放射線の規制値と実際の健康への影響」「チェルノブイリ事故との比較」「『被ばく』と『汚染』、『外部』と『内部』」「放射線から人を守る国際基準」「世界中の放射線データ」……。

このコラムは現在も続いており、２０１２年６月25日まで26回を数えた。報道されなかったこともあり、残念ながら国民には十分に知られていない。

3　計画的避難区域

†避難指示の見直し

3月25日前後から、福島第一原発は、注水を続けることで原子炉の状態をようやく一定のコントロール下に置くことができるようになった。それは、爆発やベントによる放射性物質の大量飛散リスクが下がることを意味していた。

一方で、突発的な一過性の外部被曝のリスクから、今度は時間の経過とともに積算線量が上がっていくリスクにどう対処していくか、という課題と向き合うことになった。

とくに福島原発から半径20〜30キロ圏内は「屋内退避」としていたが、これはそもそも短期間の措置であるべきところを、事故発生からすでに2週間が経過してしまっていた。この地域には、放射性物質への恐怖から物資の流通が滞り、救援物資が届きにくく、住民に大変な負担を強いていた。

また、30キロ圏外にも一定の面的な広がりで汚染が広がっていることがモニタリングや

SPEEDIで確認できるようになっていた。枝野官房長官から「原子力被災者生活支援チーム」に避難指示を見直すよう求められ、検討を始めた。

原子力被災者生活支援チームは副長官執務室で連日、モニタリングデータとSPEEDIの計測値をもとに、避難指示のオペレーションについて議論を重ねた。

主な参加者は、平野内閣府副大臣、松下忠洋経産副大臣、細野補佐官、伊藤危機管理監、保安院は深野弘行原子力災害特別対策監、文科省は森口泰孝文科審議官らであった。セカンドオピニオンとして内閣官房に設置した放射線医療の専門家チームにも知見を求めた。

4月11日、枝野官房長官が「避難指示の見直し」の考え方を発表した。事故から1カ月後だった。この作業に関しても「対応が遅い」という厳しい批判を受けた。その批判は謙虚に受け止めなければならない。一方で、突発的な大量被曝を回避する緊急的な避難と、積算線量による中長期の被曝リスクを混同して議論されたことも事実だ。

20キロ圏内の立ち入りを原則禁止する「警戒区域」、20〜30キロ圏内で緊急時の屋内退避や避難の準備を求める「緊急時避難準備区域」、そして20キロ圏外で1年間の積算放射線量が20ミリシーベルトに達する恐れがある「計画的避難区域」という区分けが決まった。「避難指示の見直し」は、新たな負担を住民にかけることになった。中長期の避難指示は、住民に向かって「あなたは当分の間、家に帰ることはできません。その地域で仕事ができません。その地域の学校へは通学できません」と宣告することに等しい。慎重にならざるを得なかった。福島県をはじめ被災地の市町村とも緊密に連携する必要があった。

†地元調整

まず、対象となった被災地から批判の声が上がったのは、情報が当事者である自分たちに、政府からではなくメディアから先に伝えられるということだった。検討中の計画案を政府が正式発表する前にメディアを通じて被災地に伝わり、首長との信頼関係が絶たれてしまうということが繰り返された。情報管理のずさんさはこの問題に限らず、永田町・霞が関全体の体質の問題である。

すでに避難している地域に加え、30キロ圏外にありながら高い放射線量が観測された地域、すなわち原発の北西方向に延びる計画的避難区域の地域とは新たな調整が必要となった。私たちはメディアに気づかれないよう、内々で現地自治体の首長と話し合いを重ねた。

4月7日に初めて飯舘村の菅野《かんの》典雄村長が副長官室を訪れた。小泉龍司衆議院議員の紹介だった。現地の状況を聞いたうえで、検討中の計画的避難区域について、それとなく打診してみたが、そのときは「避難をお願いするのはかなりきつい」との印象を受けた。

政府発表の前日となる4月10日、私は細野補佐官、松下経産副大臣とともに、ひそかに福島入りした。佐藤雄平知事、飯舘村の菅野村長、南相馬市の桜井勝延市長、川俣町の古川道郎《みちお》町長のそれぞれに計画的避難区域の考え方を説明した。

†全村避難

私が最初に話をしたのは、飯舘村の菅野村長だった。

メディアを避けて、県庁舎隣の建物で菅野村長に相対した。私は飯舘村のすべてが計画的避難区域に入ることを告げた。

「全村避難をお願いしたい」という私の言葉に村長は大きな衝撃を受けていた。こわばった表情で「全村避難などということは、とても村民に説明できない」と言葉を漏らした。

「飯舘村
①5000人~6000人
②子どもたち　開校　4/20まで
③1日24h　今現在の数量での計算　数量下がっていない
全村避難　苦しい　農業中心　所得の低い村
暮らしが成り立たない
工業　商店街　誘致企業　地元

全員避難ゼロ
1社やめます　20数人
畜産の村→福島牛　飯舘牛有名
風評被害　特養130床　高齢化率30%
高いところ　避難エリア
二重にできないか?
期間的ではなく、国・県・市町村と話し合い
多様性を持った計画避難
1〜2年
外から通う　生活基盤を守る行動
1カ月」（ノート）

飯舘村は、村長が率先して熱心に村づくりに励み、「までいな村」を標榜していた。肉牛を飼育し、工場を誘致していた。農業をどうするのか。畜産はどうなるのか。雇用をどうするか。原発立地自治体ではないため、いわゆる原発立地交付金も交付されていなかった。

「なんで我々がこんな思いをしなければならないんだ、何と言って住民に伝えるのか」

悲しみと悔しさと驚きで村長の声は震えていた。特別養護老人ホームの入所者らを村にとどめることはできないか。放射線量の高い場所とそうでない場所で避難エリアを二重にできないか。事業者が村外から通うことで生活基盤を守る措置を取れないか。菅野村長はなんとか打開策を探ろうと必死だった。

申し訳ない思いでいっぱいだった。1時間の予定が3時間ほど話し込むことになった。

南相馬市は避難区域の見直しで、3つの区域と区域外の4つに分割されることになっていた。桜井市長は早くから放射能の危険を察知して、すでに数多くの住民を避難させていた。区域外で先行避難した住民も補償対象になるのか、と強い懸念を示した。

川俣町は、地震で町役場が大きく被災し、ひび割れ、余震が来ると危険な状況だった。その役場の一室で話を切り出した川俣町の古川町長も、強く記憶に残っているひとりだ。

川俣町は、原発事故直後の避難の段階から町の体育館などをすぐに開放し、原発に近接した双葉、大熊、浪江町などの避難住民を受け入れていた。住民が手弁当でおにぎりをつくり、停電のさなか、消防団が交差点に立って手旗信号で渋滞する車を誘導した。3月12日、13日には川俣町に約6000人もの住民が避難をしたという。

「町を挙げて避難民を受け入れ、助けた自分たちが、なんで1カ月も経ってから、避難しなければいけないんだ。そんなことがあるのか」苦渋の表情で古川町長は憤った。

「町にある企業がもし残りたいと言ったとき、弾力的に対応してもらえるのか。仮設住宅や避難場所はどう確保するのか」話し合いはやはり3時間に及んだ。

飯舘村と川俣町では「とにかくモニタリングを細かくやってほしい。でなければ、住民を説得できない」と強く求められた。当時はまだモニタリングの実測値の数が少なかった。

それ以降、枝野官房長官、平野副大臣、松下副大臣、そして私は何度も福島に入った。とくに松下経産副大臣は地域に寄り添い、各首長との信頼関係の醸成に汗を流した。

避難は多くの住民の人生と地域の未来を左右することになる。

4月16日、私は飯舘村、川俣町での住民説明会に足を運んだ。非常に厳しい、重いプロセスだった。詳細はここでは記さないが、説明会の冒頭、ある住民から、「あなたは今、ここで深呼吸ができますか」と問いかけられた。重い言葉だった。

その後も心からの叫びのような怒りと悲しみ、不安の声が次々と寄せられた。2時間以上続けた説明会の終了時に、うなずきながら拍手をしてくれた住民もいた。その有り難さは今も忘れることはできない。

ひとりの川俣町の男性が「川俣のことを見捨てたら絶対に許さないぞ。これを見て思い出せ」と言って、自らが画用紙に描いた絵を私に手渡してくれた。今も議員会館の私の部屋に飾られている。

†年間20ミリシーベルト

計画的避難区域は「積算放射線量が年間20ミリシーベルト以上」という設定だった。線量が20を超える地域の住民は避難してください、ということだ。これまでのように同心円状の設定ではなく、線量を基準に据えた区域設定だっただけに、「恣意的な設定だ」「場当たり的だ」と、その基準の正当性そのものが議論の俎上《そじょう》に上った。

国際放射線防護委員会（ＩＣＲＰ）の勧告では、事故発生初期の線量基準は、屋内退避10、避難50ミリシーベルト。事故が継続している緊急時は年間20〜１００。事故収束後は年間１〜20。長期的な目標は平常時の基準と同じ年間１以下となっている。

福島原発事故の場合、事故は一過性に終わらず、ずっと続いていた。４月に入っても、原子炉の状況が必ずしも安定していなかったからだ。そのため、ＩＣＲＰ基準の緊急時20〜１００の最低値であり、事故収束後１〜20の最高値に当たる20ミリシーベルトを計画的避難区域の基準とした。それが「20」の根拠だった。対象となる住民は１市２町２村の約１万人だった。

この基準値は、もちろん「20ミリシーベルトまで大丈夫」を意味しているわけではない。被曝は小さければ小さいほどいいのは当然だ。現在、科学的に有意性を持っているのは年間100ミリシーベルトの放射線量でがん死の可能性が0・5%上がるという知見だけだ。

†現地政府対策室

この計画的避難は対象となる市町村に「おおむね1カ月をめどに実行されることが望まれる」とされていた。特筆すべきは、このオペレーションを各市町村がほぼやり切ったことだ。たとえば人口約6000人の飯舘村は全村避難、川俣町は山木屋地区約1250人の避難だった。

自治体や住民の要望を真摯に受け止めながら、オペレーションを進めた。

まず、政府から自治体に官僚を派遣して「現地政府対策室」を立ち上げた。由良《ゆら》英雄室長は原子力被災者生活支援チームから、そして、それぞれに経産省、総務省、厚生省、農水省からスタッフを派遣し、国や県との調整、自治体機能の支援を担った。

活動成果の主なものとしては、避難計画の策定・避難先の確保についての支援、例外的な事業継続を行う制度の創設、見守り隊の創設が挙げられる。

第一に、避難先の確保は最重要課題だった。住民の希望を聞きながらの仮設住宅用地の確保、県や国等との調整、建築資材の調達などの支援に、現地派遣スタッフが奔走した。

また、「どうしても事業継続したい」と希望する事業所に特例的に事業継続を認めるか否か、という課題が持ち上がった。もちろん低線量であることは必須条件だ。

ニーズの発掘、対象となる事業者の選定、制度創設についての東京との調整、従業員の安全確保のための線量管理などについて、現地と官邸の原子力被災者生活支援チームで連日、議論を重ねた。現在でも、9事業所が事業を継続し、貴重な雇用の場となっている。

たとえば、「いいたてホーム」という特別養護老人ホームがある。従業員数107人。認知症も含む入所者が「どうしても出て行きたくない」と言う。何度も何度も線量を測定し、従業員にはそこでの雇用継続を絶対強制しないということで特例措置を認めた。これは、批判を覚悟で枝野官房長官と判断した。

うれしかったニュースは、飯舘村に主要工場を擁する菊池製作所が2011年秋にジャスダックに上場を果たしたことだ。ここには同様に特例措置を認めた。300人近くの雇用を維持している。

「見守り隊」は、多くの住民が心配していた、避難後に住民がいなくなった地域の防犯・防災について、自らの地域を自ら守りたいという強い希望に添って創設した組織だ。住民有志による防犯パトロールを実施する仕組みで、雇用対策の基金を活用し、避難先での若干の収入の確保につながった。当然、住民は防護服着用でパトロールをしている。

†被災者との交流

被災者の声を直接聞くことができた避難所訪問は、記憶に焼き付いていることが少なくない。多くの人たちから話を聞いたが、中でも衝撃を受けたのは、福島から避難してきたというだけで、ガソリンスタンドがガソリンを売ってくれなかったり、子どもがいじめに遭ったりしたことがあるという話だった。「なんで私たちが、こんな思いをしなければいけないのか」と涙ながらに訴えられた。

5月4日午後、菅総理とともに私は埼玉県加須市《かぞし》の旧県立騎西《きさい》高校を訪問した。旧県立騎西高校には、福島第一原発の立地地域で、警戒区域になっている福島県双葉町の住民が集団で避難していた。総理は当時約1200人が生活している校内の全教室、体育館をひとつひとつ訪れ、当初1時間の訪問予定は5時間に及んだ。

双葉町はこの高校に町の災害対策本部と役場機能を移して業務を行っていた。井戸川克隆町長は「許せない。情けない」と語った。

6月26日、何度目かになる川俣町と飯舘村を訪問した。

川俣町で364人が入居する仮設住宅が完成して行われる入居式に、古川・川俣町長から声をかけられて出席した。

当日は、仮設住宅横に設置されたコンビニエンスストアの仮設店舗の開店式も同時に行われた。被災地の仮設住宅敷地内でのコンビニ開店は初めての試みだった。1000点もの品ぞろえがあり、店長と6人のスタッフにはすべて川俣町民が就いて、まさに川俣町の住民が運営するコンビニとなった。

こうして住民、町・村、県、国との共同作業の中で計画的避難は実施された。厳しく不幸な出来事の中で飯舘村、川俣町の避難を1カ月超でやってのけたオペレーションには世界が驚きと賞賛の声をもって迎えた。ひとえに住民の協力のおかげである。

他方、2012年春以降、原発事故から1年以上が経過して、各市町村における避難区域の見直しが順次なされている。計画的避難区域だった飯舘村や川俣町だけではない。半径20キロ圏内にある危険区域だった大熊町、双葉町、浪江町の住民はいまだに故郷に戻れる状況には至っていない。このことを決して忘れてはならないし、風化させてもいけない。

†校庭線量問題

3月下旬から4月の中旬にかけて計画的避難区域の設定、対象自治体との調整、説得、実施のオペレーションに関わっていた原子力被災者生活支援チームに、また新たな難問が持ち上がっていた。

この時期以降、激しい論争が巻き起こった「学校の校庭の放射線量基準」の設定だった。子どもたちの健康に関わるだけに、政府に厳しい批判の声が向けられた。政府としては、より保守的な考え方をとり、より安心できる状況をつくりたいと考えていたのだが——。

政府は、子どもたちが校庭などを利用する際、許容される年間放射線量を、ICRPの勧告を踏まえ「暫定的な目安として年間20ミリシーベルト以下」とした。これは「毎日、屋内に16時間、屋外に8時間いて、1年間で達する数値」である。

現実的には、子どもは被曝線量が10分の1から20分の1に減るコンクリートの校舎内で生活することが多い。だから、ほとんどの学校では年間20ミリシーベルトに達しない。20を超える学校は、校庭の表土を取り除き、校舎の除染を実施し、被曝を減殺《げんさい》する。子どもたちには平常通りに通学してもらおうと判断した。ただし、屋外活動は1時間以内に抑え、砂場の利用は控えてもらった。

モニタリングのデータを何度も取り、原子力安全委員会と放射線医療の専門家チームが「問題なし」と判断した数値だった。「20ミリシーベルト以下を目安に原則全校再開」という方向を打ち出した。

だが、当時の福島では20ミリシーベルトよりかなりゆるい「年間100ミリシーベルトでも安全だ」という意見と「とんでもない、子どもは1ミリシーベルト以下だ」という指摘の両極の議論が混在していた。

原子力被災者生活支援チームは、文科省が中心になって「１００より厳しくなるのだから住民の皆さんは少し安心するだろう。なおかつ、計画的避難区域は年間20だが、子どもの場合、コンクリートの校舎内での生活ならもっと減殺できる、20以下になることはほぼ間違いない。一方で、減殺ができない高線量の地域は、土かきと校舎除染で子どもらにぜひ安心してもらおう」と考えた。

†残された課題

ところが、小佐古内閣官房参与が4月29日、突然の辞任会見で「校庭利用の線量上限を20ミリシーベルトから1ミリシーベルトに下げるべきだ」と抗議を表明したことで、一挙に住民たちは不安に陥り、「福島の子どもたちを守れ」という声が全国的にわき起こった。

政府の打ち出した「20ミリシーベルト以下」という表現が「20ミリシーベルトまでなら大丈夫だ」と受け取られ、さらに「本当は1であるべき基準を20に引き上げた」とされた。

この問題を通じて、私はアナウンスの難しさを痛感した。

実際は、子どもが8時間も校庭にいることはなく、さらに線量が大幅に下がるコンクリート校舎内で生活する時間が長いため、心配される被曝の量には届かない、と判断した。

「20ミリシーベルト」という数字だけが強調されて、「計画的避難区域の大人と同じ線量を子どもたちにも適用している」と受け取られた。

しかし一方で、10ミリシーベルトにすれば、10という数字がひとり歩きして「では飯舘村、川俣町は20でいいのか」という議論が起こっただろう。あるいは他の市町村から「うちは10を超えているのに避難しなくていいのか」という声が出ることも予想された。「社会不安をあおらない」ことを考えなければならなかった。そして、地元では「母親と一緒に福島にとどまりたい」という子どもの声もあり、一方で、親の事情で福島にとどまらざるを得ない子どももいた。そういった事情への配慮も必要だった。

私は、福島から官邸に要望や事情を伝えたい、と上京してきた福島県の人たちには、時間の許す限り、実際に官邸で会って話を伺った。各市町村の首長、首長会、議会、議長会、経済団体、農業団体、観光業界、原発から子どもを守りたいと活動をしているNPO等々。すべての住民が苦しんでいた。将来への不安でいっぱいだった。本当にご苦労をおかけしていた。

ある農業団体の私と同世代の男性が涙を流しながら訴えた。

「先生、子どもはいますか？　うちには小学生の男の子がいますが、どうしても家族と一緒にいたい、と何があっても避難しない。県が何を言ってもお父さんと福島でがんばると言ってくれています。今の基準が大丈夫なら、そのままで子どもの希望をかなえてほしい」

連日「子どもを守れ。早く避難をさせてほしい。20なんてけしからん」と言われていた私には衝撃だった。何度も何度も専門家に確認しながら検討を重ねた。

5月、菅総理の随行でフランスのドーヴィルサミットに出張した。外遊中、気がかりだったのは、ほぼ毎週実施していた学校のモニタリングの結果だった。サミット会場に向かうバスの中で日本からの報告が上がってきた。年間20ミリシーベルトを超える学校はなく、大部分の学校が10ミリ以下に減衰していたという結果だった。菅総理にすぐに伝えた。2012年7月現在は、さらにその数値を下回っている。

その後も、この問題をめぐる論争はなかなか収まらなかった。

子どもの問題と関連して、福島の女性への結婚差別もある。福島に残ることを決めた若い女性も結婚や妊娠に悩んでいる人が多いという。福島から出て行こうとすると「福島を捨てるのか」と冷ややかな目で見られ、また福島県外に移動した人も「福島から逃げた」と自らを責める人が多いと聞く。

どちらの選択も受け入れる福島や日本にしていかなければならない。なぜなら、あの原発事故の恐怖と不安を経験し、福島で生きていたことは何ら変わらないのだから。

第 3 章

脱原発への提言

3月18日の総理会見。右側奥中央に著者。
（首相官邸ホームページより）

1　原子力防災体制

†被災者の生活支援

原発事故が私たちに残した課題はあまりに重い。それは日本のエネルギー政策そのものを根底から問うものだった。教訓は未来に生かされなければならない。まずシビアアクシデントに臨む政府の体制について考えたい。

はじめに今回の災害に対して政府がどんな組織体制で臨んだかを概観しておく。

3月11日の震災発生直後、災害対策基本法に基づく「緊急災害対策本部」と、原子力災害対策特措法に基づく「原子力災害対策本部」のふたつが立ち上がった。

もちろん、このふたつの本部は、第1章の冒頭に記した危機管理監の下の「緊急参集チーム」がほぼ実働部隊として対応をすることになっている。そして、このふたつの本部の下にそれぞれ被災者生活支援チームをつくることになり、地域と役割を分けて対処せざるを得ない状況になった。

その最大の理由は、やはり原発事故だった。爆発のリスクと放射性物質による被曝のリスクを抱えている地域での支援は、地震や津波の被災地とはまったく異なるオペレーションが必要だった。

まず、3月17日に緊急災害対策本部の下につくられた「被災者生活支援チーム」が立ち上がった。主な任務は、被災地の仮設住宅対策、物資の供給、災害廃棄物の処理など、生活支援全般についての対応である。

このチームの責任者には松本防災担当大臣、チーム長代理に片山総務大臣と仙谷由人《せんごくよしと》内閣官房副長官、事務局長には平野内閣府副大臣が就いた。運営は、退任した藤井副長官に代わって新たに就任した仙谷副長官が全面的に担った。枝野官房長官や私は、総理とともに原発事故の対応に当たり、さらに枝野長官は全体を統括する職務に当たった。

仙谷副長官の主導で「被災者生活支援各府省連絡会議」が立ち上がり、各省庁の事務次官クラスが連絡を取り合い、現状について情報を共有し、何が課題であるのかを議論した。

政権交代した民主党は、脱官僚を掲げて事務次官会議をいったんは廃止した。それだけに連絡会議の発足は「事務次官会議の復活」「官僚の発言権が強まる」といった批判を浴びた。しかし、これだけ広範囲に被災しているときには各省庁の協力が不可欠だった。仙谷副長官らしい実務優先の判断だった。

†官僚らしからぬ発言

3月29日、原子力災害対策本部の下に、「原子力被災者生活支援チーム」が設置された。こちらのチームの長は海江田経産大臣、チーム長代理に平野内閣府副大臣と私、事務局長には松下経産副大臣が就いた。

原発事故の影響のあった福島では、支援チームの発足が遅れていた。福島第一原発が安定するめどが立たなかったためだ。福島の住民は、着の身着のままで避難を余儀なくされ、生活も雇用も失うという苦しみを強いられていた。

このチームの発足に先だって、事前協議が各省庁の局長クラスで行われたときのことだった。かなり遅い時間だったと思う。各省庁から現状の取り組みと課題が報告された後、被災者生活支援チームで中心的な役割を果たしている、ある官僚が強い口調で発言した。

「1時間も2時間もこんな会議をやっていてどうするんだ。何をやらなければいけないのか、保安院が率先してミッションを提示すべきだ。放射性物質が飛散する中で、我々も緊張感を持って作業に当たらなければいけない。それなりの準備もいる。岩手や宮城の状況とは決定的に異なるのだ。それにもかかわらず、保安院や資源エネルギー庁から、まず今回の事故に対するお詫びやねぎらいの言葉が一言もないことは理解に苦しむ。別にそんな言葉がほしいわけではないが、みんな必死に仕事をする中で時間をつくってこの場に出席している。会議が終われば、すぐ次の仕事が待っている。何をやるのか分からないような会議をしてもらっては困る」

出席していた官僚らは一様にうなずいた。官僚らしからぬ率直な物言いだと私は思った。保安院の寺坂院長はようやく頭を下げた。

これ以降、原子力被災者生活支援チームの会合は、副長官執務室に各省の副大臣を集め、担当の官僚同席のもと、最小限に時間を区切って毎日定期的に行うようになった。

避難区域の設定、食品の暫定規制値、一時立ち入りの準備、農業補償、汚泥処理、放射性廃棄物の処理、ペット対応……次から次へと新しい問題が噴出してきた。各問題について、その場で関係省庁間の調整と意思決定をし、枝野官房長官の判断につなげていった。

事故後、ずっと福島の現地対策本部長として福島県の各市町村を走り回ってきた松下忠洋経産副大臣、そして平野内閣府副大臣、細野補佐官が常に意思決定に関わった。官僚にも遠慮なく発言してもらった。経産省産業技術環境局長から併任扱いで急遽、事務局長補佐として着任した菅原郁郎《いくろう》氏もその手腕を遺憾なく発揮してくれたひとりだ。

このスタイルは制度的な担保があったわけではない。今後、緊急時にどうやってすばやい「意思決定の仕組み」を立ち上げ、「情報共有の仕組み」を制度に落とし込んでいくかを考えていく必要がある。

†「組織の乱立」の理由

それぞれのチームは、個別の法律に基づいて組織されており、役割やメンバー構成もそれぞれ異なっていた。

岩手県と宮城県、そして福島第一原発から半径30キロ圏外の福島県の被災は、地震と津波が中心だった。このため住民も民間人もNPOも自由に被災地を移動できた。この地域では「被災者生活支援チーム」が、避難場所の確保や物資の供給をはじめ、各オペレーションを実施した。

これに対して、原発の半径30キロ圏内にある地域には、民間人は許可なく立ち入ることができない。とくに20キロ圏内は立ち入り禁止である。代わりに自衛官や警察官が防護服を着て入り、しかも滞在には時間制限もある。さらに、民間企業が放射能を恐れ、福島県への物資の運搬を拒否するケースが相次いだ。

こうした異例の事態に対応するために発足したのが「原子力被災者生活支援チーム」だった。

中でも震災ボランティアには問い合わせが殺到し、現地との調整が急務だった。3月13

日、ボランティア担当の総理補佐官に辻元清美議員を起用して、「震災ボランティア連携室」を早々に15日には立ち上げた。

4月に入ると、風評被害を含む農業被害や水の汚染などが出始めたうえに、生活費の枯渇問題が浮上してきた。これには「原発事故経済被害対応チーム」が発足し、農水省や環境省、もちろん経産省が中心的に関わった。

被災者の生活支援といっても、地域や課題によってオペレーションの性質はまったく異なっていた。これらの作業を同じチームで実施するのは、限られた時間の中では効率が悪すぎた。

実際には、その場のテーマに応じて関連省庁を含めたチームを立ち上げ、意思決定して官房長官に上げるという状況だった。また、そうでなければ、次々に生じる新たな事態に対応することはできなかった。

「組織の乱立」というイメージで語られたことは否定できない。率直に反省が必要だとも思う。マスメディアに対する政府の説明不足も大きな要因だ。しかし一方で、大会議室で官僚が用意してくれた決定事項を追認していれば事が足りる状況ではなかった。

全閣僚の出席する緊急災害対策本部や原子力災害対策本部は、官邸の大会議室で開催されていた。

†議事録問題

今回、原子力災害対策本部などの会議で、議事録や議事概要が作成されていなかったことについて、一部のマスメディアから「情報隠しの意図があったのでは」と批判された。このことについて若干触れておこうと思う。

一般的に、政治家が、議事録の作成を官僚に確認することはない。官僚がメモを取って残しておくことは、政治家の間では当たり前になっているからだ。

緊急災害対策本部が議事録を作成していなかったことは率直に反省せねばならない。しかし、当時は政府の限られた人員で、新たに発生する緊急事態にいかに対処するかを、議事録作成といった管理的業務よりも優先したというのがおそらく実態だった。

当初の緊急災害対策本部では、各省庁から事故や避難者などの状況を記したペーパーが配布され、大臣がそれを報告することが主な内容の会議だった。資料はすべてファイリングされ、大臣の発言は担当官僚が必ずメモを取っている。官邸スタッフは「それで十分」と判断したのだと思う。

情報を集約し、共有することを目的に開いていた。そこで記録に残すべき重要な議論や意見の対立があったわけではない。「情報を隠そう」といった考えは、官邸スタッフにはまったくなかったと断言できる。

議事録を残すためには、そのための人員を確保しなければならない。当時は録音を文字に起こして、議事録として残しておくというような状況ではなかった。当時の危機管理の担当統括官からすれば、目の前の事態に1分でも1秒でも早く対応し、ひとりでも多くの人命を救うことを最優先しており、議事録の確認作業には目が届かなかったのだろう。しかし、私自らの責任も含めて、地震発生から日が経ち、やや落ち着いた段階できちんと記録をまとめておくよう指示の徹底ができなかったことは反省しなければならない。

地震の発生時は、旧公文書管理法が2011年3月末に切れて、4月から新しい公文書管理法が始まるという法案改正の狭間だった。4月12日に瀧野官房副長官は、そのことに留意し、各省の担当者に文書作成と保存の徹底の指示を出している。旧法では議事録の作成は義務付けられておらず、新法でも「でき得る限り」「要旨としては残しておくように」といった趣旨の規定である。しかし、国民の関心や社会的影響を鑑みて、公文書管理委員会は、今後、今回の大震災のような「歴史的緊急事態」においては、より積極的な記録の作成・保存を行うための改善策を講じるべきであると指摘している。

非常時においては平時のルールがそのまま通用しないことが多い。そのリアリティを共有することは難しい。議事録の未作成問題もそうだが、災害時に準拠すべき「原子力災害対策マニュアル」も、今回は役に立たなかった。

そのことに対する認識の違いがあらわになったのが、3月11日から約3カ月が経過した6月1日、地震発生後初めて開催された党首討論の場である。

†自民党との党首討論

6月1日、地震発生後初めての国家基本政策委員会合同審査会、いわゆる党首討論が開催された。自民党の谷垣禎一総裁が菅総理の震災対応に対して厳しく迫った。

この党首討論の様子は明確に記憶している。私はほぼ総理の真後ろで、このやりとりを見つめていた。谷垣氏は冒頭から菅総理に辞任を迫った。被災地は、仮設住宅の建設が急ピッチで進められ、まだまだ原子炉は安定化せず、飯舘村、川俣町などでは計画的避難の準備をしている時期にもかかわらず、だ。

党首討論で与野党の党首が批判合戦を展開するのはよくあることだ。谷垣氏は私と同じ京都の先輩政治家でもあり、人柄もよく、しばしば声をかけていただく間柄である。だから、政治的にはやむを得ないと割り切って聞いていた。

このときに展開された谷垣氏の批判は、現在でもよく聞かれる典型的なものだった。抜粋して紹介したい。

「原子力災害特別措置法によれば、地域の本部をつくって、そこに権限を委譲して地域でがんがん対策を進めさせる。それから原子力災害合同対策協議会をつくって、そこに自治体の方々を集め、あるいは放医研の専門家も集める。（中略）きちっと法に基づいて進めるべきだと思いますよ。法を無視して、ご自分の側近で官邸の中で決めて行かれる。（中略）気に食わないことがあると機嫌悪く、怒鳴り散らされるものだから、どなたからも情報が入ってこない。官僚機構ともきちっとした人間関係がつくれていない。東電とも信頼関係はまったくなくなっていますね」

私は政府の職に就いて初めて国会の委員会の場で声を荒らげた。野次が思わず出てしまった。

「当時がどんなものだったかリアリティがなさすぎる！　どうやって爆発のリスクがあり、停電し、通信がつながらない中で人が集まれるんだ！　道路が遮断されているかもしれない中で、どうやって千葉の放医研から福島まで移動できるんだ！　危なくて避難しているまっただ中に原発に近いところに行かせるのか！」

谷垣氏の指摘の通り、原子力災害対策マニュアルによれば、原発事故が発生した場合は本来、現場に近いオフサイトセンターに現地の災害対策本部を設け、原子力事業者や周辺市町村の担当者、放射線医学総合研究所の職員らが集まって、緊急事態に対応することになっている。

官邸の役割は、主に後方での情報伝達などであり、今回のように電源車の搬送から海水注入の指示、撤退拒否に加え、東電との事故対策統合本部設置に至るまでの事故対処は、本来予定されていない。これが「官邸の現場介入」として批判の対象になった。しかし、ではマニュアル通りで果たしてよかったのであろうか。

†政治の現場介入

現地のオフサイトセンターは福島第一原発から約5キロの地点にあった。当初は停電と通信も途絶えていたため、オフサイトセンターはほとんど機能せず、地震と津波の対応で立地自治体のほとんどの職員が参集できる状況ではなかった。もちろん通信手段も限られていた。他県から専門家を派遣するなどできるはずがない。

何よりも12日に水素爆発、夕刻に20キロ圏内の避難指示を出し、爆発やメルトダウンのリスクを抱える原発を目の前にしてオフサイトセンターで指揮に当たることは、まったく不可能であり、非現実的だった。

原子力災害対策マニュアルは、非常に限られた範囲の原発事故を想定しており、今回のような複合災害の中で、本当に機能するかどうかはあらためて検討しなければならない。官邸は現場に介入せざるを得なかった。もし介入しなければ、誰が避難指示を決断し得たのか。保安院や原子力安全委員会から自発的に避難の要請が来ることはほとんどなかった。官邸以外の誰が東電の計画停電を延期できただろう。誰が現場からの全面撤退を阻止できただろうか。

プロローグにも記したが、怒鳴られてやる気をなくすような官僚は、少なくとも国家の危機たる大震災を目の当たりにし、緊急人命救助が求められている状況ではひとりもいなかったはずだ。少なくとも私の見た限り、官邸の政治家と官僚はいいチームだった。ときには立場を離れて声を上げげて議論を戦わせた。もっとも、菅総理は言われているほどには怒鳴った回数は少ない。努めて冷静にと心がけていたように思う。後で、ある官邸スタッフから、私が一番短気だったと言われた。

では、そのうえで今後の体制のあり方として、官邸が率先して指揮を執れるように権限を強化すべきなのか。官邸の役割はどうあるべきなのか。

大規模な複合災害の場合、東京電力のような民間企業では意思決定が遅れることは容易に予想できる。営利企業は、将来予想される株主代表訴訟や損害賠償請求などのリスクを想定しながらひとつひとつの意思決定をしなければならない。今回、廃炉が前提となる海水注入が遅れたことや、ベント実施が遅れた背景には、どこかの段階で企業の利害得失を勘案した可能性は否定できない。

では、民間企業ではなく、官僚や専門家なら大丈夫だろうか。日本の官僚組織は、平時における事務処理や、あらかじめ前例や正解が設定された課題に対しては優れた能力を発揮する。しかし、非常時における瞬発力や臨機応変の決断力は、個人がいかに優れていようが、組織上限界があるはずだ。

私は何でもかんでも政治の介入を正当化するつもりはない。政治が介入することの問題点も理解できる。しかし、危機管理の最終的な意思決定は政治が担う以外ないと考える。

この背景には、後述する「原子力ムラ」の問題が横たわっている。原子力ムラと安全神話から独立した原子力行政が確立できるか否かは、保安院に代わって新たに発足する「原子力規制委員会」のあり方や政治の関わり方いかんにかかっている。

†保安院から原子力規制委員会へ

これまでの原発の安全体制をめぐっては、原発の安全性をチェックするべき保安院が、原発政策を推進する経産省の下の一機関に位置づけられていたことが事故の温床となったと批判された。民間事故調でも「原子力行政の推進と規制の区分があいまいで安全規制の『無責任状態』が生まれた」と指摘されている。いわゆるアクセルとブレーキの同居問題である。

この反省として、政府は2012年1月、原子力規制庁設置法案を提出した。他方、自民・公明からも対案が出され、3党協議を経て、6月に「原子力規制委員会設置法」が成立した。この法律では、保安院を廃止するとともに、新たに環境省の外局（3条委員会）として原子力規制委員会を設置する。原子力安全委員会や保安院の事務のほか、文科省や国交省が担う原子力安全規制に関する事務も一元化する。

原子力規制委員会は国会の同意を経た有識者5人で構成され、その事務局として原子力規制庁を設置する。平時の原子力防災体制については、関係閣僚による「原子力防災会議」を創設し、その事務局を内閣府が担うことで政府が責任を持って関与するかたちとした。

今回の体制においても、いくつかの課題がある。

1点目は、原発事故など緊急時の総理の指示権のあり方である。総理の指示権は原子力災害対策特別措置法で定められている。今回の法律は、緊急時の総理の指示権から、原子力規制委員会による発電所内に関する「技術的及び専門的な知見に基づく判断」を除外することになっている。2011年の事故を踏まえて、住民避難など生命・財産に関わる判断には、政治家が関与する仕組みが取り入れられた。情報共有を含めた原子力規制委員会との緊密な連携をしっかりはかっていくことが非常に重要である。

2点目は、原子力規制委員会の委員の人事である。科学者同士が合意形成をし、意思決定をしていくことがいかに難しいかが、今回明らかになった。専門家ばかりを集めても、「船頭多くして船山に上る」である。事務局である原子力規制庁の長官の人事も同様に重要だ。いずれの人事も、旧保安院や原子力ムラ出身の人物となると、適切な役割を果たしていけるのか疑問が残る。

3点目に、前項とも関係するが、原子力規制庁の職員は、保安院など既存の関係部署から異動してくることになる。彼らは今回の事故での反省を踏まえ、法律や制度で規定できない、従来の意思決定や思考スタイルからどれだけ脱皮することができるのか。

必要なのは、いわゆる原子力安全神話から脱却し、隠蔽体質の転換を図ることである。あの事故後でさえも、原子力委員会は核燃料サイクルをめぐる報告書を策定する過程で原子力ムラだけの〝秘密会議〟を開き、核燃料サイクルに不利なデータを隠蔽しようと決めていたことが報じられた。信じられないことだ。

また、保安院は、2011年3月17日以降に米エネルギー省が行った航空機による放射線モニタリングのデータを公開せず、官邸にも報告していなかったことが、2012年6月になってまたまた明らかになった。あきれるばかりである。と同時に、当時の政府の一員として申し訳なく思う。

残念ながら、原子力行政に対する国民からの信頼は明らかに失墜しており、それを回復するための取り組みを注視していかねばならない。

4点目に、原子力規制委員会による新たな安全基準の中身だ。法律上、明確にした「40年廃炉ルール」を堅持するのはもちろんだ。加えて、今回の事故の経験、新たな知見、国際環境を踏まえ、国民が納得できる基準をつくれるかどうか。中途半端に電力会社等に配慮したような基準になれば、一気に原子力規制委員会、原子力規制庁への信頼は失われる。

2　リスクコミュニケーション

†長官会見による発信

リスクコミュニケーションとは、政府や専門家、企業、国民との間で、リスクに関して正確な情報や意見を交換、共有し、理解を深め、合意形成を図ることである。

そうしたリスクコミュニケーションはいかにして可能だろうか。国民は、誰からのどのようなプレゼンテーションなら、どれくらいのリスクを許容できるのだろうか。そして、政治や専門家はどういった関与ができるのだろうか。

今回の震災は原発事故も重なったことで、国民の安全確保と不安軽減を図るために、まさに政府の情報発信のあり方、リスクコミュニケーションが適切だったか否かが問われた。

震災が発生した直後、菅総理や枝野官房長官と「官邸が持っている情報はとにかく公開しよう」と話し、官房長官会見を国民とのコミュニケーションの基本に据えることを確認した。

私が留意したのは、総理と官房長官会見の発信に齟齬をきたさないことだった。私は毎回、官房長官会見に陪席し、会見の内容と発言を逐一総理に報告するよう努めた。

地震発生当初、メディアは官房長官会見をノーカットで放送した。国民は枝野官房長官の言葉を聞き、表情を見て、その内容と信憑性について自分で判断することができた。この時点では、リスクコミュニケーションはある程度成り立っていたと思う。だからこそ、「エダる」という言葉がつくられ、「枝野さん、がんばれ」という声が国民から上がった。

しかし、ある時点から会見が切り取られてその一部のみが放送されるようになり、それぞれの番組で専門家らコメンテーターの解釈が差し挟まれるようになった。それ以降、国民は枝野官房長官からの発信と、テレビの専門家による解釈の狭間で、情報をどう解釈していいのか迷い出したというのが私の実感である。

†「ただちに影響はない」

「ただちに人体に影響を及ぼす数値ではない」という枝野官房長官の会見における放射能の評価についての発言は、官邸発の情報に対する国民の信頼を損ねた象徴的な言葉として批判された。

事故当初の放射性物質の発生量は、原発の近くに長時間いない限り、すぐには健康に影響を及ぼすレベルではなかった。これは複数の専門家に確認した。一方で、将来にわたって人体に影響を及ぼさないと言い切れるものでもなかった。

枝野官房長官のこの表現は、ごく軽微な放射性物質の健康被害の可能性について言い表すためには、正確かつ率直な言い方だったと思う。私はそれ以上の的確な表現を今も思いつかない。

しかし、受け手には「ただちに及ぼさないということは、一定の時間が経てば人体に影響を及ぼすのか」という疑問が生じた。また、「すぐに影響の出ない低線量被曝の危険性について何も言っていないに等しい」と、かえって「政府は情報を隠蔽しているのではないか」との疑念さえ抱かれた。

ＳＰＥＥＤＩの問題も含め、官邸はリスクコミュニケーションについて失敗したのである。

では、どうすればよかったのか。

一部の識者が提案したように「科学的な学説の範囲を示し、政府の見解を示したうえで、あとの判断は国民に任せる」という選択肢もあるが、はたして現実的だろうか。政府が「自主避難」という方針を示したときは、「避難するかどうかの判断を国民にゆだねるのは無責任だ」という強い批判を受けた。

官邸は、科学的な事実をもとに、国民の不安やパニックを回避し、日常生活の維持など、現実を見すえた社会的リスクをも考慮して意思決定をしなければならない。国民の意思と動向を推し量るのも難しいが、「科学的な事実」の見極めも容易ではない。

科学者の合意形成

放射性物質の影響については、科学の世界でも明確な合意形成ができていない。このため危険性を一方的に強調する極端な意見を持つ科学者の主張もまかり通った。それが科学界全体の中ではごく少数意見でも、社会的に認知されることで科学界の合意とまったく同等に扱われてしまう。それを「考慮に入れていない政府は信用できない」という思考回路ができてしまった。

政府と国民とのコミュニケーションはそこで揺らぎ、政治家、官僚、専門家、メディア、誰が何を言っても信じられない疑心暗鬼の不健全な状態が広がった。

まず、政府が情報を開示し、国民や専門家を巻き込んで議論する。合意形成のプロセスを経て、政治が意思決定する。原発問題に関しては、そんな合意形成の土俵がまったくできていなかった。推進派、反対派のレッテル張りがなされ、二項対立の中で互いに批判し合っている状況が続いていたと思う。

リスクコミュニケーションは、0か100かという「二者択一の議論」ではない。どの程度ならそのリスクを許容できるかという「程度の議論」となる。

とくに放射能被曝による健康被害については、端から端までさまざまな説がある。拠って立つ場所によって正反対の見解となる。科学者の間で意見が分かれているものを、専門的な知識を持たない政治家が判断できるはずがない。まずは科学者の間で合意形成してもらうことが必要だった。

しかし、その合意形成の仕組みが、とくに原子力の分野において日本にはないに等しかった。最大の原因はいわゆる原子力ムラだろう。専門家がリスクについて言及した瞬間に、原子力ムラから排除されるような構造が戦後長らく続いてきた。

そのため、「原子力ムラvs排除された学者」という図式のまま、原子力政策の意思決定がなされてきた。こうなると、合意形成を図る必要性はまったくなくなる。合意を前提にムラが成立しており、合意できないならムラから追い出されるだけだからだ。

つまり「原子炉は安全だ」という前提で議論していれば、「リスクについての許容度」などといった議論には意味がなくなる。「原子力は安全なのだからリスクは存在しない」ということになってしまうのである。

†原子力ムラの病理

原子力ムラが存続し得た理由は、東電や経産省、保安院や資源エネルギー庁のムラ的な体制にある。そこでは省益と民間の利益が一致した。電力会社や関連労組から政治家への献金、官庁からの電力会社への天下り、自治体への交付金、学者でいえば研究費、マスメディアでいえば広告・宣伝費という便宜を供することでムラを拡張し、互いの利益を増幅させる閉鎖的な世界が温存されてきた。そのムラ社会が原発に対する健全な提言や批判を封殺してきた。

そうした仕組みができた背景には、国会のチェック機能の不全、メディアのチェック機能の不全がある。政治家も国民も原発の危険性に向き合わず、電力の大量消費を享受してきたことも一要因としてある。

使用済み核燃料の後始末ができないことを直視せず、次世代に結論を先送りしてきた。特定の誰かが悪いのではなく、社会全体の体制そのものに構造的な問題があったからこそ、原子力ムラは存続してきたと私は思う。

原子力ムラには、縦割り行政の弊害や問題の先送り体質といった、日本における政治の病理が凝縮されている。

１９７０年代の石油ショックにおける経済的な負のインパクトがあまりに大きかったのだろう。石油の値上がりによって、日本は戦後初のマイナス成長を経験した。なんとか自前の技術でエネルギーをまかないたいという思いに駆られて原発は推進された。また、冷戦構造下において日本の核保有の可能性を閉ざしたくないという思いもあっただろう。

そのため、原発を推進することが自己目的化し、そこに合わせた経済構造までつくることになった。その結果が現在の電力多消費社会である。原発が動かなくなると、電力多消費社会を前提としてきた経済活動がマイナスになる。そのため、「原発は不可欠」という理屈を押し通さなければいけなくなった。

「経済成長」と「原発は低コスト」という架空の神話をつくり、そこから「原発の危険性」「使用済み核燃料」「廃炉」といった厄介な問題を見て見ぬふりすることで、その神話を維持してきたのである。

3　未来への選択

†3つの総理会見

原子力防災体制とリスクコミュニケーションの教訓を踏まえて、ここからは未来のエネルギー政策に向けた私なりの展望を示したい。

菅総理は任期中、大きな節目ごとに記者会見をしてきた。その中で、エネルギー政策をめぐって大きな意味を持つ会見が３つあったように思う。

ひとつ目は、２０１１年5月6日、浜岡原発の運転停止要請を発表した記者会見。

ふたつ目は、５月10日、これまでの「化石燃料」「原子力」に加え、再生可能エネルギーの利用と省エネルギーによって電力構成を見直すと宣言した会見。記者の質問に答えてエネルギー基本計画の見直しにも言及した。原子力ムラに衝撃が走ったことは想像に難くない。

３つ目は、７月13日、「原発に依存しない社会を目指すべきと考える」と脱原発依存社会を宣言した記者会見。

この3つの会見は、現在から振り返ると、日本が今後進むべき道筋を十分に示唆するものだった。素案はもちろん、菅総理と総理秘書官がつくった。内容については、枝野官房長官や寺田補佐官を中心に、私も何度もミーティングに参加した。

さらには、3月29日から内閣官房参与に就任した多摩大学大学院教授の田坂広志氏の貢献も記しておかねばならない。田坂氏からは、永田町の世界にどっぷりとつかった私たちを超える自由な発想で、人々がいま何を考えているのかについて多くの示唆をもらった。下村内閣審議官のサポートも大きな一助だった。

そして、菅総理はこだわりを持って、何度も推敲を重ねたうえで会見に臨んだ。「浜岡原発停止」「エネルギー基本計画の見直し」「脱原発依存」。3つの会見内容を振り返ることで、日本の未来像をデッサンしてみよう。

†浜岡原発停止

まずは、浜岡原発の運転停止である。

静岡県にある中部電力浜岡原発については、実は地震から1カ月後の2011年4月上旬より、寺田補佐官を交えて菅総理と内々の議論を重ねていた。私たちは大まかに論点を

5つに整理した。
①浜岡原発は、福島第一原発と立地構造が似ている。
②この地域では、地震が発生する可能性が高い。
③東海道ベルト地帯の中心に位置しており、事故が起きた場合は鉄道が遮断されて、中部地方のみならず、関東圏と関西圏の経済が分断される。
④シビアアクシデントが起きれば、50キロ圏内という広範囲に影響を及ぼし、日本経済は致命的な打撃を受ける。
⑤浜岡原発が中部電力の供給電力に占める割合は10%にしか過ぎない。浜岡を止めても電力需要に応じることは可能だ。

こうした現状認識に立ち、中部電力に浜岡原発を停止させるべきだという結論に至った。しかし、実際に原発を止めるとなると、どういうプロセスを経て実現できるのか、多くの利害関係者がいる中で難しい判断を迫られていた。

一方で、5月5日、海江田経産大臣と細野補佐官は視察のため浜岡原発を訪れていた。視察から戻ってすぐに、彼らは「浜岡は止めましょう」と提案した。私はその報告を聞いて素直に驚いた。菅総理と海江田大臣の意向がぴたりと一致したからだ。

当時の海江田大臣によれば、浜岡は地理的状況が福島原発と似ており、津波が来たら原発の目の前にある砂浜の砂が原子炉に入ってしまう。するとオペレーションは福島原発以上にやりにくくなる。防潮堤や電源車の問題にも対応しなければならない。それができない限りは止めましょう、ということだった。

法律的に可能かどうか、枝野官房長官は秘書官に命じて六法全書で条文を確認させた。こういうときの官房長官の判断はいつもすばやかった。

原子力災害対策特別措置法、原子炉等規制法など考えられる限りの法律を引っ張り出して調べたが、緊急時でない限り国に原発を止める権限はなかった。そのため法律を尊重して、停止の「要請」をすることにした。

こうした官邸の動きをにらみながら、経産省は、「浜岡原発だけを止めて、全国にある残りの原発は動かす」というシナリオを菅総理のもとに持ってきた。いわば、浜岡の停止と他の原発稼働とのバーターである。

私は抵抗を覚えた。安全基準の見直しやストレステストを含めて、まだ原発の安全性がはっきり確認できていない状況でそんなシナリオを進めていいのか――。

しかし、浜岡原発の停止要請を表明した5月6日の記者会見で、菅総理は経産省の意に反して「残りの原発は動かす」という部分を発表しなかった。

菅総理の決断に対しては、「よくぞやった」という賞賛の声とともに、「思いつき」「総理の独断専行」という批判の声も上がった。しかし、それは思いつきでも独断でもなかった。海江田大臣、細野補佐官の大きな働きがあり、背景には前述の「5つの論点」に対する認識が明確にあった。私は今でも浜岡原発を止めた判断は間違っていなかったと思う。

当初、浜岡原発を止めたことに対する世論調査の結果は6割以上が「よかった」という回答だった。7月13日、菅総理が「脱原発依存」を宣言したときも、7割近くが「よかった」と回答した。

その一方で内閣支持率は2割前後と低迷していた。日本の世論の興味深い現象だった。菅総理の「人徳のなさ」なのか、6〜7割の国民が「よかった」と評価する政策を実現しようとしている内閣の支持率がわずか2割。このギャップをどう解釈すればいいのか。寺田補佐官と私は、いつもこの数字を見ながら苦笑いをしていた。

†電力構成の見直し

次に節目となる会見は、浜岡停止要請会見の4日後、震災発生から約2カ月を迎える5月10日だった。総理が宣言した「日本の電力構成の見直し」は、これまでの「原子力」「化石エネルギー」という2本柱に、「再生可能エネルギー」「省エネルギー」のふたつを加えた4本柱への転換を表明したものだった。再生可能エネルギーとは、太陽光や風力、小規模水力、バイオマスなどを指す。

この会見を受けて、5月27日にフランスで開かれたG8ドーヴィルサミットで、菅総理は「発電電力量に占める中で、2020年代のできるだけ早い時期に、少なくとも20％を超すレベルまで、自然エネルギーの割合を拡大していく。このために、大胆な技術革新と積極的な普及の促進に当たりたい」と、述べている。

ドイツのメルケル首相との首脳会談の席上、菅総理は「個人的な意見だが、日本も脱原発依存社会をドイツのように進めたいと思っている」と発言した。こんなにはっきり言うのか、と驚くとともに、この言葉は強く私の印象に残った。総理は脱原発依存への考え方をこの頃から固めていったのではないだろうか。

さらに、菅総理を中心とする官邸と国家戦略室の玄葉《げんば》光一郎国家戦略担当大臣を中心に、エネルギー基本計画の本格的見直しの機運が高まってくる。

当時のエネルギー基本計画は、2020年までに9基の原発の新増設、さらに2030年までに、少なくとも14基以上の原発の新増設を目指すという、今から考えると信じられないようなプランだった。

基本計画見直しに向けて6月7日、玄葉大臣を議長に「エネルギー・環境会議」を内閣官房に立ち上げた。これまでの経産省、資源エネルギー庁の独壇場であったエネルギー政策の決定過程が音を立てて崩れた瞬間だった。

もちろん、私がこのメンバーに加わったのは言うまでもない。これ以降、「エネルギー・環境会議」は、パラダイムシフトに向けて大きな役割を果たすことになる。

†脱原発依存を宣言

3つ目の「脱原発依存」会見。一連の流れを受けて菅総理は「将来は原発がなくてもきちんとやっていける社会を実現していく。これが、これからわが国が目指すべき方向だと考えるに至った」と語った。さらに「具体的な電力需給のあり方について、計画案をまとめるよう」指示を出したことも明らかにしている。

「電力構成の見直し」も「脱原発依存」も思いつきのプランではない。東日本大震災は日本のエネルギー政策に対する国民の関心のあり方を大きく変えた、その事実を十分に踏まえた構想だった。その国民の変化は、次の3つのようなものだった。

第一に、原発の「安全神話」の崩壊によって、原発の抜本的な安全対策の強化を強く求めるようになった。同時に、これまで通り原発に依存していくわけにはいかないという認識が高まった。

第二に、その結果、エネルギー問題自体への国民的関心が高まり、これまでのエネルギー多消費社会への反省が生まれた。

第三に、原発を稼働させないことによって現時点で起こる電力不足が、経済活動にどれだけ影響を及ぼすのかに注目が集まった。

この3つ目が特に重要である。私たちは脱原発を進める間も、電力の需給対策を講じなければならない。また、脱原発社会に移行したのちも経済成長を図るためには、再生可能エネルギーの経済性をより高める必要がある。

まず、脱原発に向けた電力の需給対策として、「需要サイドでの徹底した省エネ・省電力」「エネルギー利用効率の向上」「再生可能エネルギーの大幅な導入」を促す。それに加えて「効率的な化石燃料の利用」を推進する。

「効率的な化石燃料の利用の推進」とは、過渡的にはたとえば、ガス火力のコンバインドサイクル（ガスタービン発電と蒸気タービン発電を組み合わせた発電方式）への転換、火力発電でのコージェネ（発電時の排熱を利用してエネルギーを供給する仕組み）などの活用である。

また、大規模集中型一辺倒のこれまでの電力供給システムに代えて、地域分散型の供給システムを併用する。送配電システムの機能強化、蓄電池・燃料電池の普及と技術開発の促進を図る。そのために規制緩和、制度改革、税制優遇、プロジェクト・ファイナンスなど各種の政策手段を集中投入していく。

これらの取り組みは、新たな国内投資を促し、雇用を増加させる。経済効果も期待でき、中長期的には経済性も確保できる。

こういった喫緊の課題から中長期の課題まで「エネルギー・環境会議」では幅広く議論を進めていく必要があった。

†エネルギー・環境会議

6月に始まったエネルギー基本計画を見直すための「エネルギー・環境会議」は、内閣官房の国家戦略室の所管とした。これまでのように資源エネルギー庁の総合資源エネルギー調査会だけには任せられないという判断からである。

会議のテーマは大きくふたつあった。「当面のエネルギー需給安定策」と「革新的エネルギー・環境戦略」。これまでのエネルギーシステムのゆがみを是正し、「安全・安定供給・効率・環境」に配慮した短期・中期・長期からなる戦略を策定する。検討作業は会議のもとに各省から参加する副大臣・副長官会議で実質的な議論が重ねられた。

大鹿靖明著『メルトダウン』（講談社）には、「（経産省・エネ庁からすると）福山は邪魔者だった。『何であいつがあんなに熱心なのか』。エネ庁の事務官はポツリと漏らしていた」というくだりがある。紆余曲折を経て、7月29日に中間的な整理を策定した。

ここには、将来のエネルギー政策に対する多くの示唆と方向性が含まれている。

「当面のエネルギー需給安定策」では、原子力が起動しない場合の9電力各社の電力需給状況が公開され、対処方針5原則にはピークカット対策や将来の規制・制度改革リストが掲げられた。

「革新的エネルギー・環境戦略」策定に向けた中間的な整理では、たとえば「国民合意の形成に向けた3原則」が以下のように決められた。

①「反原発」と「原発推進」の二項対立を乗り越えた国民的議論を展開する。

②客観的データの検証に基づく戦略を検討する。

③国民各層との対話を続けながら、革新的エネルギー・環境戦略を構築する。

一読すれば、これらは、ごく当たり前に読めるが、これまでのエネルギー行政から言えば、画期的な方針だった。事務局を担当した日下部《くさかべ》聡内閣審議官を中心とする国家戦略室のメンバーは、各政党や各省庁、業界からの多様な意見やプレッシャーを受けながらも、何とかまとめあげてくれた。

早速、原則②に基づいて設置された「コスト等検証委員会」によって、原発をはじめ風力、火力、太陽光、地熱、石油などの各電源別のコスト計算を試みることになった。原発のコスト計算には、原発事故の補償金、廃炉処理、使用済み核燃料の処理なども含まれた。

各省庁が壁を越えて横断的に参加する中で、政府の統一見解として検証結果を出した。事故補償費などを繰り入れると、原発は他の電源と比べて決して低コストではないという結論が導き出された。

これまでの「原発は安い、低コスト」という通説は、原発の安全神話の一部だったということが徐々にこの委員会で明らかになっていった。

†エネルギー基本計画の見直し

2011年8月30日、菅内閣が総辞職した。退陣後となってしまったが、菅総理の掲げた「エネルギー基本計画の見直し」が10月に始まった。その舞台となった総合資源エネルギー調査会の基本問題委員会は、原子力の推進派と反対派の双方から計25人の委員を指名して開かれることになった。これまでの委員構成からは大きく様変わりすることとなった。さらに、あの震災当時の枝野官房長官が、今度は所管の経産大臣に就任していた。

この総合資源エネルギー調査会の最大の使命は、目指すべきエネルギーのベストミックスの選択肢を国民に示すことである。会議は2012年7月11日現在で29回にも及んでいる。インターネットの動画配信サービスによって生中継され、議論の内容はすべて国民に開示された。資料も即時ダウンロードが可能だ。

こうした公開の場で日本のエネルギー政策が議論された例はこれまでにない。推進派、反対派がどういう根拠に立脚して原子力を論じているのか、使用済み核燃料の問題などを含めて政府がこれまで棚上げしていた課題を国民の前に明らかにしていった。

会議で提示された選択肢を検討して意思決定をしていくプロセスも、日本のエネルギー政策史上初めてのことだ。公開の場で原子力に推進か反対かを議論できる雰囲気ができたという変化は大きい。事故によって福島県では避難者が10万人を超えるなど大きな代償があったが、大きな一歩が踏み出された。

原発事故における情報発信の遅れや混乱によって、菅政権は「情報を隠蔽した」と批判された。しかし、この総合資源エネルギー調査会が、電源コストや使用済み核燃料の議論を動画配信で実況中継しながら進めていることへの評価は残念ながらあまり聞かれない。

こうした新しい動きに、原子力推進派は相変わらず「再生可能エネルギーは不安定な電力」という10年前の議論を持ち出して抗おうとしている。「時間が経てば日本人は忘れるだろう」「電力需給が逼迫していると脅せば、結局原発は再稼働するだろう」「電力料金が値上がりすると言えば」と高をくくっているようにも見える。

一方の原子力反対派も、電力需給逼迫による経済リスクに対してしっかり理論構築するべきだ。「電力は足りるはずだ」では説得力に欠ける。

こうした旧来のスタイルでは、将来のエネルギー政策について合意形成は得られない。私が望む結論であるかどうかは別にして、時期が来れば将来のエネルギー政策には一定の結論を出していかねばならない。

†3つの選択肢

2012年6月29日、この総合資源エネルギー調査会における議論を経て、「エネルギー・環境会議」は国民に3つのエネルギー政策の選択肢を提示した。
①意思を持って原子力発電比率ゼロをできるだけ早期に実現し、再生可能エネルギーを基軸とした電源構成とする。
②再生可能エネルギーの利用拡大を積極的に進め、40年廃炉基準により原発依存度を2030年に向け低減し、15%程度とする。
③原発を新設したり更新したりして、今後とも意思を持って原発に依存し、一定の比率を中長期的に維持する。2030年時点の原発の割合を20～25%とする。

この3つの選択肢のほかに、総合資源エネルギー調査会では、最初からエネルギーの比率を特定せずに、電力の自由市場をつくって消費者がコストとリスクに応じてエネルギーを選択するという案、また原発を40年以上動かし、現状程度の原発の設備容量を維持し、中長期的に原発比率を拡大させて35%以上にするという案も検討されていたが、前記3つの選択肢となった。

原発ゼロが選択肢として挙がったこと自体が画期的な変化である。

最終的には政治が意思決定しなければならないが、これらの選択肢を国民にどう提示して、意見集約するかが大きな課題である。2012年7月から意見聴取会が開催され、パブリックコメント（意見募集）を実施し、さらに新しい試みとして討論型世論調査という無作為抽出の調査方法が実施されている。この他にも、国民投票という考え方もあれば、選挙の争点として扱うのもひとつのやり方だ。

この3つの選択肢では原発の比率ばかりが注目され、焦点化されてしまうが、それぞれのシナリオに共通するふたつの重要な内容が含まれている。

第一に、どの原発依存度を選択しても、再生可能エネルギーの割合は2030年に25〜35%であることだ。再生可能エネルギーの比率をここまで高めるには、いずれにせよ小手先の改革では実現しない。

固定価格買取制度による市場拡大と価格低下、技術革新の加速、再生可能エネルギー産業の育成、分散型エネルギーシステムの促進は不可避であり、大きな流れとならざるを得ない。原発の比率にかかわらず、再生可能エネルギーは強力に推進していくというメッセージだ。

第二に、どのシナリオでも、2030年の発電電力量は、2010年比で約1割の節電、最終エネルギー消費量で約20％の節約を見込んでいる。省エネ国家への道は必須条件になる。特にスマートグリッドの普及による需給調整機能は不可欠の技術である。

脱原発への8原則

エネルギーをめぐる議論が活発になり、国民の意識が大きく変わる中で、政府の提示した3つの選択肢を考えるに当たって、個人的な見解として「脱原発に向けた8原則」を提示したい。

①2025年度までに、原発の稼働をゼロとし、「脱原発」を実現する。
②2025年度までに、2010年度と比較して、省電力20％かつ再生可能エネルギー電力30％を実現する。
③原発に関しては、最長でも40年で廃炉とする。
④原発の再稼働に当たっては、より厳しい新安全基準、原子炉施設の経年劣化の状況、地域の電力需給逼迫度、活断層の状況、地方自治体の理解などを総合的に評価し、国民に公開する。そのうえで再稼働は最小限にとどめる。

⑤使用済み核燃料の貯蔵制約を考慮に入れる。再処理方式の全面的な見直しを検討する。その際、9電力会社の経営形態にも留意する。

⑥経済成長に伴ってエネルギー消費が拡大するという古いパラダイムから脱却し、経済成長とエネルギー消費のデカップリング（切り離し）と、再生可能エネルギー拡大によるCO_2削減を進める。

⑦情報通信技術（ICT）を活用することによって、スマートグリッドを全国に導入する。季節に応じた電力需要の増大に備えるため、より柔軟に需給の変動に対応したピークカット（電力需要の頂点を低く抑えること）対策を講じる。

⑧日本全国で電力の融通を行えるよう、地域間の系統連係に取り組む。経営の合理化、発送電分離、化石燃料の合理的な調達などを進め、電力コストの安易な価格転嫁を抑制する。

簡単に補足する。

①は、原発ゼロと決めることで、次のエネルギーライフスタイルの設計図を描くことができる。企業も将来の、経営戦略や投資計画が立てられ、技術革新も促すことができる。中途半端に共存したり残したりすると、新たな社会のパラダイムをつくるエネルギー転換のスピードが弱まる。「2025年に原発ゼロ」を前提に、電力需給や代替エネルギーのあり方を議論するほうが圧倒的に速く転換は進むはずだ。

④は原発の再稼働の基準である。原発の経年劣化の状況などについて、新設の原子力規制委員会による、より厳しい安全基準で判定するなどして、現在50基ある原発の〝通知票〟をつくる。稼働させる場合は、総合評価で優先順位の高いものから最小限に動かす。順位の低い10基ほどはすぐに廃炉を決める。それを国民にしっかり公開する。そのとき、まさに専門家の合意形成が必要になる。

いま再稼働を主張する人たちは原発すべての稼働を主張しているが、一定の原則をつくらずに、単に再稼働に賛成か反対かという議論は建設的ではない。新たな安全神話をつくるだけである。

⑤は、いま少なくとも中間貯蔵やプールにある使用済み核燃料は、あと数年で設備容量の限界が来る。それに合わせて、原発の稼働期間を考えなければいけない。核燃料サイクルの是非も結論を急ぐとともに、最終処分地の選定も困難だがやらなければならない。

⑦は、節電のためのいわゆるネガワット（使われなかった電力）取引やピーク価格設定、デマンドレスポンス（電力需給の状況に応じて需要者の電力消費を制御する方式）対策も含めて、ピークカット対策を徹底的に講じる。電力の需給はピークカットの問題だ。

⑧は、各電力会社の合理化や発送電分離を含む電力融通システムの構築だ。現在、天然ガスのマーケットが大きくなって、シェールガス（泥岩に含まれる天然ガス）なども含めて

世界の天然ガスの市場は安くなっている。

しかし、なぜか日本は、原油価格が上がるほど、天然ガスの調達コストも上がるという不可思議な調達方法になっており、逆にそこで足元を見られている。それも含めて化石燃料の調達コストの低減を図る。

この8原則を前提としてエネルギー政策を推進すれば、おそらく制度改革、規制緩和、研究開発・技術開発の税制優遇や短期の償却制度の導入、立地補助金を含めて、エネルギーライフスタイルは著しく変化し、脱原発は一気に加速すると私は考えている。

中途半端に原発をズルズル残しているほうが、技術革新は遅くなる。意思決定をして動き出せば、日本の社会は急速に変化する。そして、世界にこのパッケージを輸出していくことで人類に貢献することも可能になる。

固定価格買取制度

前述した通り、菅総理はG8ドーヴィルサミットで自然エネルギーの普及拡大について発言した。このことは、2011年の通常国会終盤での、再生可能エネルギー買取法、固定価格買取制度導入への総理の執念につながっていく。

固定価格買取制度は、菅総理が最後までこだわった政策で、この政策の法律の成立を条件に退陣の覚悟を決めた。新しい電力マーケット形成の前提となるこの法律を通さなければ、脱原発依存は実現できず、福島原発事故の反省も生かせない。菅総理はそう考えた。

この法律の成立に当たっては、岡田克也幹事長、安住淳国会対策委員長が、野党との修正協議を含め、本当に汗をかいてくれた。党側の強い協力がなければ、再生可能エネルギー買取法を筆頭に2011年度第2次補正予算、特例公債法は到底成立し得なかった。

2011年7月10日、私はNHKの日曜討論に出演した。「今後のエネルギー政策について」というテーマだったが、自民党を含めて全党が「脱原発」で一致していた。その番組を見た菅総理も翌日、「全党、脱原発だったねー。驚いたよ」と話していた。

しかし、震災から1年が経過すると、やや様子が変わりつつある。最近、自民党は、向こう10年を「原子力の未来を決める10年」と位置づけ、その間、さまざまな状況変化を踏まえた国民的議論を喚起し、原子力の利用について、中長期的な観点から結論を出すと、原発の是非の判断を先送りしている。結局、何も言っていないに等しい。

1998年の初当選時から、ライフワークとして地球温暖化問題に取り組んできた私は、2000年前後から再生可能エネルギーによる日本経済の再生を掲げ、固定価格買取制度導入の必要性を訴えてきた。

世界の潮流は再生可能エネルギーに急傾斜している。しかし、日本はその潮流にこの10

年ほど逆行してきた。

　2001年に私を含め超党派の議員有志が固定価格買取制度の議員立法をつくろうとしたが、結果的に経産省と自民党の強い抵抗により彼らが言い出したRPS制度（一定割合以上の新エネルギー導入を義務付ける制度）という、似て非なる制度に取って代えられた。

　たとえば、その後、2005年に日本は太陽光パネルの設置に対する補助金を打ち切った。同じ年にドイツは固定価格買取制度を導入した。一方は補助金を打ち切り、他方は固定価格買取制度を導入する真逆の政策の中、わずか3、4年で太陽光パネルの世界シェアはドイツや中国のメーカーに抜かれ、かつて先頭を走っていた日本のシャープ、京セラ、三洋電機は、後塵を拝することになった。

　今回の2012年7月に始まった固定価格買取制度とは、個人や事業者が再生可能エネルギーで発電した電力を、電力会社が一定期間、一定価格で買い取ることを義務付けるものである。一定の設備投資費を回収したうえ利潤が生まれる買取価格を設定している。太陽光なら10キロワット（kW）以上で1キロワット時（kWh）当たり42円、風力なら20kW以上で1kWh当たり23・1円などで、20年間継続して買い取ってもらえる。買取価格は導入時期が遅れれば遅れるほど安くなる。先に投資した人のほうが得をする仕組みによって、投資を促して全体コスト減を図っている。これからは最大のビジネスチャンスだ。

たとえば、一軒家に設置する4kWの太陽光パネルの価格は、この1年で3分の2に下がった。そこから得られる電気は、1kWh当たり42円の固定価格で10年間買ってもらえる。売電収入は年間約10万6000円。自家消費して電気代が浮く分を含めると、1年目で約14万6000円、11年目からは約10万円分の「収入」となる。パネル価格は4kWで2011年度平均181万円だから、自家消費分によるが10～15年で回収できる。パネルの寿命が30年なら15年以上はその後も使える。

未来の住宅は太陽光パネルが標準仕様になっていくだろう。住宅団地を開発する際、全住宅に太陽光パネルを設置し、スマートグリッドを導入した「ソーラータウン」「エコタウン」の試みはすでに始まっている。マーケットが拡大すれば価格は自然に下がる。

私が学生だった1980年代まで学生マンションにエアコンはついていなかったが、今は標準設置されている。同様に5年後、10年後には太陽光パネル、スマートメーター、電気自動車用のコンセントが新築住宅の標準仕様になる。そんな時代が目の前に来ている。

さらに燃料電池が各戸に設置されれば、外部からの電力はほとんど不要になる。すると、低価格化はぐんと速まる。

スーパーやチェーンストアが10社、20社単位で太陽光パネルを設置するというビジネスモデルも現れた。1社で太陽光パネルや燃料電池を用意してメンテナンスをしたり、補助金対策を講じたりすると、コストがかかってリスクも大きい。

しかし、10社、20社で共同してやれば、スケールメリットが生じる。電力会社に支払う電気代も減る。償却後に余った電気を買い取ってもらえれば、キャッシュフローが個々のチェーンストアに生まれ、設備費を投じても十分に投資の利回りが計算できる。

自力で電力がまかなえるようになると、災害があっても事業が継続できる。結果的に地域に貢献できる。

一方、「屋根貸し」のアイデアも出ている。投資家が地域の一般家庭の屋根数十戸から数千戸を借り上げ、太陽光パネルを設置して売電する。借りた屋根には「屋根賃」を払う。屋根を貸した家はわずかでも収入が生じる。たとえばこれは年金生活者には朗報だ。

「屋根貸し」のビジネスは、一般家庭に限らない。巨大な倉庫群、工業団地の立地工場の屋根、空きスペースを使えば、送電線の設備投資コストが軽減され、すぐにメガソーラーシステムが誕生する。学校や公共施設は言うまでもない。京都市ではいくつかの浄水場での太陽光パネル設置の計画を立てている。

自ら所有する用地に太陽光パネルを設置したいと話す人も多くなった。約20億円を投資すれば、売電で毎年3億円近くの収入が見込めるという経営者もいた。その地域の約200軒分の電力をまかなえる。金融機関も融資了承済みだそうだ。

新しいビジネスチャンスがあちこちで生まれ、驚くようなビジネスモデルが登場するだろう。大きな流れの中で「どうしても原発が必要」という議論はだんだん弱くなっていくのではないか。

†風力発電

再生可能エネルギーの中で、太陽光発電と並んで期待されるのは風力発電だが、日本での普及はまだまだだ。あまり知られていないが、日本の風力発電設備は、アメリカ、中国のわずか約20分の1、ドイツ、スペインの約10分の1程度である。単年度で見ても2011年、中国では1年間で日本の約100倍の風力発電設備容量が増加している。アメリカでも約40倍でフランス、イタリア、イギリスでも急増中だ。

風力発電は、再生可能エネルギーの中でコストは安価であり、東北や北海道、九州に風況適地も多く、非常に高いポテンシャルを有している。

たとえば、福島県郡山市布引高原に国内最大級の33基の風車を擁する風力発電所がある。ここの特徴は、高原の気候を生かした布引大根や布引高原キャベツの耕作地に発電所が立地していることである。まさに農業との共生が図られており、観光スポットとして、環境教育の現場として多くの人々が訪れている。

もちろん、風力発電も固定価格買取制度の対象だ。今後、農地法の改正を視野に入れて、耕作放棄地は当然だが、農業生産に影響を及ぼさない範囲で農地利用もできるように規制緩和を進めていくべきだ。

同時に、洋上風力発電は陸上風力発電をはるかに超える可能性を有している。ドイツでは、すでに400メガワットの洋上風力発電の運用を開始している。今後の展開が楽しみである。

現在、風力発電の分野は世界で約5・6兆円規模の産業であり、成長率は年間30%、10年で十数倍と言われている。三菱重工業や日立、富士電機、日本製鋼所、安川電機、コマツ等々の日本関連企業が関係しており、成長分野として期待は大きい。一方で、風力発電の大幅な導入、発展にともなって、系統連系強化の対策が必要になってくる。

†日本、アジア、世界をつなぐ

再生可能エネルギーを最大限導入するためには、広域連系を行うことが不可欠である。

ヨーロッパの例で見ると、スペインは世界第4位の風力発電導入国であり、月平均で約

21%、瞬間的には約60%を風力発電でまかなっている。また、その他の太陽光や水力等もあわせて発電の3割以上を再生可能エネルギーでまかなっている。

そのため、電力供給の安定性を確保するため、単一の系統運用会社が電力系統全体を制御し、その配下の複数のコントロールセンターが再生可能エネルギーの制御を行っている。ドイツでは2014年までに北海沖に原発8基分に相当する8ギガワットの洋上風力発電設備の導入が進められ、最終的には洋上風力は21ギガワットを導入する予定となっている。

また、陸上に設置する風力発電も25ギガワットを建設する計画である。太陽光や風力発電による発電が総発電量の20%近くになることもある。こうした国々の間では、電力網の広域連係により、各国の電力を融通することで、再生可能エネルギーによる発電量を予測して、火力、水力、原子力などその他の発電設備の稼働状況をバランスよく決め、電力安定化に努めている。ヨーロッパでは発送電分離が行われていることも、そのことを容易にする一因となっている。

一方、日本国内においては、各電力会社が自らの管内のみの調整にとどまることが多く、他の電力会社との融通を重視していない。特に、東日本(50ヘルツ)と西日本(60ヘルツ)の周波数の違いがボトルネックとなっている。もちろん周波数の統一が望ましいが、設備容量の大きい産業用機器においては、これまで使ってきた電気の電圧が変わることによる影響が生じるだろう。

中部大学と科学技術振興機構の共同研究によれば、東日本と西日本の間を、直流送電を利用した送電網でつなげば、周波数変換所と同様の効果を生むことができるとされている。このことは技術的にも可能である。

また、たとえば風力発電については、風況が良く、大規模な発電所を立地できる場所が北海道、東北の一部などに集中している。しかし、その地域には基幹系統への接続線がないことが多い。こうした地域を重点整備地区として、エネルギー対策特別会計の中から国が送電線敷設を例外的に支援することが検討され始めた。

北海道や東北でつくられた風力発電による電気を東京電力管内や西日本側へ運ぶことも可能にすれば、電力供給不足への懸念がよりなくなる。そのためにも、事実上、国内の送電網を一体のものとして運用できるようにしていくべきであり、発送電分離の議論は避けられない。

国内における電力自由化が進めば、さらに先を考えることもできる。世界に目を向けてみよう。国内外をつなぐネットワークの構築を検討することもできる。ヨーロッパでは、すでに海底ケーブルを利用した電力網が張り巡らされているが、さらにアフリカの地中海沿岸国を含んだ電力網の検討が行われている。

日本としても、たとえば、韓国や中国、ＡＳＥＡＮ諸国、さらには、オーストラリアやロシア、モンゴル、南アジアまでを、海底や地中に敷設した電力網で結ぶとともに、サハリン沖の天然ガスを活用する「アジア大洋州戦略的エネルギー連携（Asia Oceania Strategic Energy Partnership）」を提唱したい。

インドネシアの地熱利用やモンゴルでの風力発電、オーストラリアの太陽光・太陽熱利用など、各国が強みを持つ再生可能エネルギーへの投資を進め、コントロールセンターによる統一的な制御の下、それらを連携して相互に補完する。インフラの整備にはＯＤＡの活用も考えられる。

域内全体で再生可能エネルギーの開発を進め、互いの電力網をつなぐことでエネルギー安全保障を確保するとともに、相互依存を深め、域内の平和構築、途上国支援にもつないでいく。日本の貢献の可能性は果てしない。

†選択のとき

日本経済の低成長は、デフレの需給ギャップによるものであり、内需不足によるものだった。携帯電話やＩＴ以外には新しい技術や製品で需要が拡大しなかった。

しかし、再生可能エネルギーは地域分散型の電力供給システムだ。だから太陽光も風力も地熱も、それに対する系統線の増強も、さらには家庭が節電するためのスマートメディア、スマートグリッドの普及も、すべて地域に実際の需要が発生する。

地域に投資がなされることで雇用や内需が生まれる。一方でマーケットの拡大で価格が下がり、技術革新が進む。こういうプラスの連鎖をつくっていくことが、今後の日本経済の成長とエネルギー政策を考えるうえでの必須条件だ。

これまでの原発立地地域は経済の仕組みそのものが原発依存型になっているために、脱原発に進めば地域経済が立ちゆかないという懸念が生じるだろう。

もちろん、過渡期における立地自治体に対する支援の方法は考えねばならない。しかし一方で、立地自治体は現存する原発を少なくとも２０２５年以降、廃炉にする手続きを取らねばならない。廃炉は除染を含めると長期の大規模作業となり、そこには継続的な雇用が生まれる。結果としては国も責任を持たなければならない。

さらに、新しいエネルギーの電源開発を、地域分散型のシステムでやっていくことによっても地域経済の活性化につなげていく。

日本は戦後、エネルギー政策の重心を、時代に応じてシフトさせてきた。終戦直後は石炭中心で、それが石油に変わり、石油ショック後は原発に変わった。そして今回の事故をきっかけに、もう一度エネルギー革新が起ころうとしている。

慶應義塾大学の清水浩教授によれば、ＣＤプレイヤーがレコードプレイヤーに取って替わるまで約7年、カメラがフィルムからデジタルに替わるのに約5年、固定電話から携帯電話にシェアが移るまでが約6年だった。本当にいい商品でマーケットが受け入れれば、状況はあっという間に変わる。

２０２５年までには、まだ13年ある。それまでにこの固定価格買取制度を活用すると、どれほどエネルギーライフスタイルが変化するか。未来の社会を思い描いて動けば、可能性は大きく広がる。

もう資源エネルギー庁も電力会社・電事連も原子力ムラの面々も、再生可能エネルギーを推進できない理由を並べ立てるのはやめるべきだ。パラダイムは変わったのである。どうすれば、原発がなくても暮らしていける未来の社会をつくれるのか、一緒に考えていこう。十数年をかけて「脱原発」を進め、電力の安定供給を確保し、コストも許容されるなら、日本の産業界にとっても、使用する電源は何でもいいはずだ。

今こそ「脱原発」を選択し、日本経済の再生につなげていく決断をしなければならない。決して未来は暗くない。「脱原発と再生可能エネルギー」は、日本経済再生の起爆剤となるはずだ。

最後にもう一度、「福山ノート」に戻りたい。

「岩手、宮城　筆舌に尽くしがたい
全域　漁業、水産加工施設
↓
雇用　深刻
支援要請　無線　ラジオ
人命救助　自衛隊　消防…
燃料　インフラ　自家発電　病院
透析患者　移送先の確保
選挙はできない　延期　法律準備
メンタルケア　精神科医人材」

地震発生3日目の3月13日夜に開かれた緊急災害対策本部でなされた報告を、私はこのようにノートにメモした。走り書きの記述からも分かるように、原発事故以外の被災も甚大かつ広範囲で、しかもあらゆる分野に及んでいる。

†首都直下地震

東日本大震災は地震、津波、原発事故が連鎖的に発生した複合災害だった。官邸の想定していない事態だった。

日本列島は現在、地震の活動期に入ったとされている。政府の地震調査委員会は、21世紀前半に多くの地域で大地震が発生する可能性を指摘している。最悪の事態を想定し、被害のシミュレーションを見直す必要が出てきた。

たとえば日本の中枢機能が集中する東京で発生が予想される首都直下地震も、従来の想定よりもはるかに大きな被害をもたらす可能性が指摘され、にわかに注目され始めている。

また、地球温暖化の影響により、近年大規模な台風、集中豪雨等の現象が日本列島を襲っている。自然災害のリスクは地震に限らない。

†安心という付加価値

私は以前から、「危機管理には時間と財源（コスト）をかけなければいけない」と言い続けてきた。

いつ起こるか分からない地震や自然災害に対しては、財源を確保して整備し続ける必要がある。それは首都圏に限ったことではない。想定し得る限りの状況に備えて対策を講じることが、政府だけでなく地方自治体にも、企業にも、そして各家庭にも求められている。

「想定外」という言葉は、もはや許されない。

コストをかけたくないという理由で原発への津波対策を怠った東電の二の舞は、何としても避けなければならない。経済性と効率性だけの追求が、社会にどんなゆがみをもたらしてきたか国民はもう気づいている。それだけで判断してはいけない領域があることを、今回の事故によってあらためて知った。

危機管理への備えが経済の発展を妨げるとは限らない。新たな「防災・減災の都市づくり・地域づくり」は新しい公共事業の柱であり、地域経済の活性化や雇用創出の可能性を広げる投資である。

そして何よりも、この投資は「安心」という付加価値を地域に与えることになる。「脱原発社会」も放射性物質という不安から国民を解放し、安心を与えることにつながる。それは私たちが豊かな暮らしを築くために不可欠の要素である。

再生可能エネルギーによる「地域分散型電力供給システム」に加え、「防災・減災の国家」は、安心と内需を新たに生みだし、国土づくりの新たな指針となるはずだ。

それが私の描く日本の未来のひとつの姿である。

エピローグ

ここまで本書におつきあいいただいた読者に心から感謝の意を表したい。

もしかすると「官邸も結構考えていたかも」「まあ、大変だったことは認めてあげよう」と思っていただいた寛容な読者もいらっしゃるかもしれない。

しかしながら、賢明な読者にはもうお分かりだと思う。

今回の原発危機に対して、官邸はすべての情報、ましてや全体像を把握していたわけではなかった。

事故は現場で起こっていた。官邸は東電の作業を見守るしかなかった。祈るような思いで、「最悪の事態を回避してくれ」と固唾を呑んで凝視していたというのが真実だろう。

もちろん、できることは何でもやった。電源車を送り、「少しでも早く」と避難を指示し、自衛隊に協力要請もした。アメリカとも協議を重ねた。

しかし、原子炉の制御についてはまったく何もできなかったのだ。

私が幼少の頃に見た「サイボーグ００９」というＳＦアニメ映画では、巨大なコンピュータシステムと闘う戦士の姿が描かれていた。子供心にとても怖かったことを覚えている。原発事故と向き合う中で、私は何度も、このコンピュータシステム、いわば「モンスター」を思い出した。原発は、「止める・冷やす・閉じ込める」ことに失敗し、ひとたび暴走し始めたら、人間の手ではなす術もない、まさに「モンスター」だった。

地震の蓋然性や原発事故の確率について、よく議論される。各電力会社が示してきた原発の重大事故の発生確率は100万年~1000万年に1回である。

しかし、現実はまったく異なっている。1979年にスリーマイル事故、1986年にチェルノブイリ事故、そして2011年の東京電力福島第一原発事故。人類はわずか33年間に3回ものシビアアクシデントを経験した。そう、11年に1回、人類は深刻な原発事故に見舞われているのだ。

地震が活動期を迎えている日本で、五十数基もの原発を抱えている日本で、この「モンスター」が、もう二度と暴れ出すことはないと誰が断言できるだろう。原発事故を経験した今、「モンスター」を制御できる知恵や技術が存在し、ましてや人材は十分だと、いったい誰が証明できるだろう。

この「モンスター」が再び暴れ出さないようにできる限り早く閉じ込めてしまおう。

しかも、この「モンスター」は使用済み核燃料という〝排泄物〟まで残すのだ。この排泄物は、たとえ本書で記したように近い将来、脱原発社会が実現したとしても、大量に存在し続ける。再処理方式でのガラス固化体にしても、直接処分方式でのキャスクにしても、数十年貯蔵したうえで、最終処分地を確保しなくてはならない。

さらに、最終処分地でこれらの放射性物質が安全となるまでに数万年の歳月を要するのだ。しかしながら、この国は、最終処分地のめどすらまだ立っていない。

たとえ、原則40年廃炉を決めたとしても、たかが40年間の電力確保と豊かさを享受するために、数万年も処理に要する排泄物を出し続ける権利が果たして現代人にあるのだろうか。

未来の子どもたちと人類にいったいどんな言い訳をするのだろうか――。

今回の原発事故に対して私は謙虚でありたい。

現実を直視しよう。原子力行政は敗北したのである。

2011年、東電福島第一原発事故を引き起こし、1997年操業予定だった六ケ所再処理工場は大幅に遅延している。耐震設計ミスやガラス固化体製造トラブル等も続き、いまだに操業のめどすら立っていない。

高速増殖炉もんじゅでも1995年のナトリウム漏洩、火災事故をはじめトラブルが続出し、17年が経ってもなお試験運転再開には厳しい状況が続いている。

敗北を認めずに高いコストをかけ続け、国民に不安という精神的負担をも与え続ける原子力行政に、日本もそろそろけじめをつけて、「脱原発」という未来を選択する時期が来たのではないだろうか……。


2012年7月1日　固定価格買取制度、実施初日。

私は、地元である京都市伏見区にある埋め立て処分場跡地に向かった。跡地に建設されたメガソーラー「京都ソーラーパーク」の運転開始式に出席するためだ。

この発電事業は、京都市が用地を提供、ソフトバンクと京セラの子会社計3社が建設、出力2・1メガワットで太陽光パネル8680枚、将来は約1000世帯分以上の電力を供給する予定だ。

ソフトバンクの孫正義代表、京セラの稲盛和夫名誉会長も顔を揃えた。あいにくの大雨だったが、雲の後ろで太陽が満を持しているように感じられた。何の変哲もない草ボウボウだった埋め立て跡地がすばらしい未来への希望の場所に変貌していた。出席者は全員ニコニコ笑っていた。

一方、電力会社による風力発電の買い取り枠は、初日の時点で早くも満杯寸前、何と原発4基分に相当するらしい。投資額も数千億円に上るという。

世界に目を転ずれば、固定価格買取制度が実施された1週間前の6月22日、いわゆるリオ＋20（国連持続可能な開発会議）がブラジルで開催された。

グリーン経済に向けた取り組みの推進や持続可能な開発目標（ＳＤＧｓ）が２０１５年以降の国連の大きなアジェンダになることとなった。

その２０１５年は、気候変動枠組条約において、先進国・途上国がともに法的拘束力を持つ合意をまとめる時期に当たる。さらに２０１５年には、第3回国連防災世界会議が開催されることになり、日本がそのホスト国に名乗りを上げた。

２０１５年に向けて、東日本大震災と原発事故を経験した日本の果たすべき役割はとてつもなく大きい。

時代は、徐々に、しかしながら激しく動き始めている。

あとがき

菅直人政権は452日間の在任期間だった。

口蹄疫、消費税騒動、参院選敗北、円高、尖閣問題、延坪島《ヨンピョン》砲撃事案、TPP……いろいろなことが起こった。

しかし、3・11ですべての景色が変わってしまった。

福島第一原発で、事故当初から今日に至るまで懸命に作業を続けている現場の社員の方々のご尽力に、心から敬意と感謝を申し上げたい。苛酷な環境の中での作業は想像を絶するものだったと思う。

防衛大学校前校長・五百旗頭《いおきべ》真先生は、東日本大震災復興構想会議の議長という大役をお引き受けいただいた。早朝、官邸を抜け出し瀧野官房副長官とともに横須賀の防衛大学校までお願いに上がったことを思い出す。ご快諾いただいたが、本当にご苦労をおかけしてしまった。先生のお人柄がなければ、あの会議はまとまらなかった。本書では紙幅の関係で紹介できなかったが、復興構想会議の果たした役割はとても大きいものだった。

筆者のような官房副長官にも副長官秘書官ら6人がついてくれた。資質の高いチームだった。

保坂和人氏には危機管理担当として物資の供給や危機管理センターとの連携に尽力いただいた。鈴木清氏はすべての福島の震災対応をお任せした。特に計画的避難の指示は彼の冷静な判断なしには決まらなかった。関口昇氏にはアメリカとの交渉の橋渡し役をやってもらった。外遊先ではともに寝ずに仕事に励んでくれた。小森卓郎氏には、大切な復興補正予算の内容の精査と成立に力を貸してもらった。黒田昌義氏には参院選の敗北でねじれ国会になり、国会対応が厳しく、大変なご苦労をおかけした。榎本麻里氏は、震災後の物資が不足する中で、朝のおにぎりと笑顔でみんなを迎えてくれた。泊まりも含め、毎晩遅くまで勤務し、ほとんど連日、官邸裏のラーメン屋で秘書官と食べたラーメンが最高に美味しかった。

彼らのおかげで何とか副長官の職を果たすことができた。

地元の京都からも多くの電話やメールで励ましをいただいた。特に震災発生からまだ2日目か3日目だったと思う。「菅総理、がんばって！」とわざわざ京都から徹夜でトラックを運転し、差し入れをくださった「スーパー山田屋」の山田修さん、本当にありがとう。

あの後も山田さんの差し入れてくれた果物をどんなに官邸のスタッフが喜んでいただいたことか。震災で意気消沈する中で元気も栄養もいただいた。

震災後、自民党の石破《いしば》茂政調会長（当時）や公明党の斉藤鉄夫政調会長（当時）をはじめ、与野党を超えて、官邸で復興予算や原発対応について何度もご要望をいただいた。筆者も真摯に受け止めたつもりだが、野党の協力がなければ復興はもっと遅れたように思う。先般、社会保障と税の一体改革で3党合意がまとまったが、その萌芽は、この頃からあったと筆者は考えている。公明党の遠山清彦先生には、原発に注水する生コン圧送ポンプ車、いわゆる「キリン」の存在を3月17日の深夜に電話で知らせていただいた。この電話一本が注水安定にどれほど役だったか計り知れない。社民党の福島瑞穂先生には原発対応で有益な情報をたくさんいただいた。

民主党の有志議員が集う「脱原発ロードマップを考える会」のメンバーにも感謝したい。本書の脱原発の方向性には、この会と知見を共有するところが多い。

さて、本書に戻ろう。

今年の5月、以前から仲良くしていただいていた帝京大学の筒井清忠先生の昭和史研究会に出席した。終了後、軽食をとりながら「あまりにも事実と異なる批判が多く、震災直後の対応を記録として残したい」と何気なく相談した筆者に、先生はふたつ返事で「出版社を検討してみよう」とお答えくださった。早速1週間後、筑摩書房の松田健氏を連れて議員会館を訪ねて来られ、その場で本書の方向性が決まった。筒井先生の優しさがなければ本書はなかった。また、各事故調査委員会の報告書に合わせて8月初旬に出版したいという筆者のわがままを快諾いただいた、ちくま新書の増田健史編集長に感謝申し上げる。

松田氏には献身的に出版に力を貸していただいた。また、フリー編集者である片岡義博氏の探求心に多くの示唆をいただいた。昼夜を問わず、編集作業にご尽力いただき、適切な助言をいただいたおふたりには感謝しても感謝しすぎることはない。ほぼ連日、徹夜に近い状況でサポートしてくれた国会事務所のスタッフにも頭が下がるばかりである。

帯には首都大学東京教授・宮台真司先生にご多忙にもかかわらず、心のこもった推薦文をいただいた。また、大学院時代に指導教官であった京都大学名誉教授・村松岐夫《みちお》先生には、震災後、「記録を残しておきなさい」とご示唆をいただいた。先生の求めるものには到底及ばないが、先生の言葉がなければ本書は生まれなかった。

菅直人氏をはじめ、枝野幸男氏、藤井裕久氏、松本龍氏、細野豪志氏、寺田学氏、瀧野欣彌氏、震災数日後から仙谷由人氏、官邸で震災対応に当たった官僚も含め、本書では氏名を挙げられなかったすべての皆さんと仕事ができたことに感謝したい。

そして、福島の被災者の皆さんに心からお詫びを申し上げたい。福島県の佐藤雄平知事、内堀雅雄、松本友作両副知事をはじめ、県庁の職員の皆様に心から感謝したい。被災自治体の首長をはじめ、職員の皆さんにもお礼を申し上げる。震災対応の最も苦しい時間を被災住民と過ごされ、現在も原発事故と闘い続けているご苦労は察するに余りある。今後も政治家である限り福島とは向き合い続けていくつもりである。

最後に、議員生活15年目を迎える今年に、本書を出版することができるのは、震災対応で半年以上にわたり地元の京都に帰れない日々が続いた中でも、そして今も変わらず支えていただいている京都の有権者ならびに京都事務所のスタッフのおかげである。

2012年7月

福山哲郎

ちくま新書
974

原発危機《げんぱつきき》　官邸《かんてい》からの証言《しょうげん》

二〇一二年八月一〇日　第一刷発行

著　者　福山哲郎（ふくやま・てつろう）
発行者　熊沢敏之
発行所　株式会社　筑摩書房
東京都台東区蔵前二-五-三　郵便番号一一一-八七五五
振替〇〇一六〇-八-四一二三
装幀者　間村俊一
印刷・製本　三松堂印刷　株式会社

乱丁・落丁本の場合は、左記宛にご送付下さい。送料小社負担でお取り替えいたします。
ご注文・お問い合わせも左記へお願いいたします。
〒三三一-八五〇七　さいたま市北区櫛引町二-六〇四
筑摩書房サービスセンター　電話〇四八-六五一-〇〇五三

ISBN978-4-480-06680-0 C0231

ちくま新書

934
エネルギー進化論
——「第４の革命」が日本を変える
飯田哲也

いま変わらなければ、いつ変わるのか？ 自然エネルギーは実用可能であり、もはや原発に頼る必要はない。持続可能なエネルギー政策を考え、日本の針路を描く。

945
緑の政治ガイドブック
——公正で持続可能な社会をつくる
デレク・ウォール
白井和宏訳

原発が大事故を起こし、グローバル資本主義が行き詰まった今の日本で、私たちはどのように変わっていけばいいのか。巻末に鎌仲ひとみ×中沢新一の対談を収録。

965
東電国有化の罠
町田徹

国民に負担を押し付けるために東京電力は延命させられた！ その裏には政府・官僚・銀行の水面下での駆け引きがあった。マスコミが報じない隠蔽された真実に迫る。

923
原発と権力
——戦後から辿る支配者の系譜
山岡淳一郎

戦後日本の権力者を語る際、欠かすことができない原子力。なぜ、彼らはそれに夢を託し、推進していったのか。忘れ去られていた歴史の暗部を解き明かす一冊。

541
内部被曝の脅威
——原爆から劣化ウラン弾まで
肥田舜太郎
鎌仲ひとみ

劣化ウラン弾の使用により、内部被曝の脅威が世界中に広がっている。広島での被曝体験を持つ医師と気鋭の社会派ジャーナリストが、その脅威の実相に斬り込む。

960
暴走する地方自治
田村秀

行革を旗印に怪気炎を上げる市長や知事、地域政党。だが自称改革派は矛盾だらけだ。幻想を振りまき混乱に拍車をかける彼らの政策を分析、地方自治を問いなおす！

803
検察の正義
郷原信郎

政治資金問題、被害者・遺族との関係、裁判員制度、検察審査会議決による起訴強制などで大きく揺れ動く検察の正義を問い直す。異色の検察ＯＢによる渾身の書。